JN039241

自然災害と地域づくり

NATURAL DISASTERS AND COMMUNITY DEVELOPMENT

知る・備える・乗り越える

本田明治・長尾雅信・安田浩保・坂本貴啓
髙田知紀・豊田光世・村山敏夫・岡本　正　著

朝倉書店

執　筆　者 ［執筆箇所］

本田　明治　新潟大学自然科学系地球・生物科学系列　［序章，第1章］
ほん だ　めい じ

長尾　雅信　新潟大学人文社会科学系　［第4章，終章］
なが お　まさ のぶ

安田　浩保　新潟大学災害復興科学研究所　［第2章］
やす だ　ひろ やす

坂本　貴啓　金沢大学人間社会研究域　［第3章］
さか もと　たか あき

髙田　知紀　兵庫県立大学自然・環境科学研究所　［第5章］
たか だ　とも き

豊田　光世　新潟大学佐渡自然共生科学センター　［第6章］
とよ だ　みつ よ

村山　敏夫　新潟大学人文社会科学系　［第7章］
むら やま　とし お

岡本　正　銀座パートナーズ法律事務所　［第8章］
おか もと　ただし

まえがき

　日本各地で自然災害が頻発化，激甚化する中で，多くの人々の生活が守られることを願い，私たちは本書を執筆しました．本書は，自然科学および社会科学の最新の研究をベースにし，「災害や環境変化に強い地域社会」の構築に向けた基本的な知見・知識を提供する，災害に強い社会をつくるための入門書です．

　本書の制作にあたっては，気象学，河川工学，河川管理，地域ブランディング，風土論，合意形成論，健康科学，災害復興法学という幅広い分野から専門家が参加しました．各分野の成果をつなぐため，本書ではその知見を災害のフェーズに応じて，「知る―想像を超える自然災害のすがた」「備える―自然災害が起こる前に」「乗り越える―被災してしまったら」の3つに類型化しました．

　「知る」では近年の気象災害や水害の傾向が示されています．「備える」では社会的ネットワークを育むことの意義，地域の捉え方，合意形成の進め方が語られています．「乗り越える」では被災後の健康維持の知恵，法律問題の対処について記述しています．

　執筆陣はそれぞれに日頃の研究，教育，社会活動を通じて「自然災害との向き合い方，災害に強い地域社会の作り方」について考え，行動に移してきました．よって，実践の知恵も随所に散りばめられています．自然災害に強い地域社会，組織，家庭，個人を育むため，行動に移しやすい内容に仕立てました．

　以上の工夫から，本書は災害対応や地域づくりを学ぼうとする学生や研究者だけでなく，自治体の首長や地方自治体職員，経営者，危機管理担当者，地域づくりに従事する方々もお読みいただけます．

　本書を最初からお読みいただいてもよいでしょうし，気になる章から紐解かれてもよいでしょう．まとめとなる序章や終章で全体を把握されてから，各章をお読みになるのも理解が進むかもしれません．

　今や万が一の災害は突然に，誰にでも起こってしまいます．本書の内容をもとに，市民，行政，企業，教育機関などが力を合わせ，未曾有の危機を乗り越えていくことを願います．

　　2024年4月

長尾 雅信

目　　　次

序章　災害に強い地域づくりとは何だろう？

〔本田明治〕

　日本は豊かな自然環境の恩恵を受ける一方，自然災害も多く，豊かさと災害は表裏一体の関係にあります．私たちは長年の経験，知識や知見の継承，技術の進展を通した高い地域力で自然災害を克服してきました．しかしながら地方を中心に人口減少・高齢化による地域力の低下が進む中，近年の自然災害の頻発化・激甚化はしばしば回復困難なダメージを与えます．さらに地球温暖化に伴う環境変化への中長期対策も遅滞なく進めなければなりません．本書では，まず想像を超える自然災害のすがたを知り，そして自然災害が起こる前に自然や地域とどのように向き合い備えるか，もし被災した際にどのように乗り越えるかを学ぶことで，自然災害や環境変化に強い地域づくりに向けたアプローチを多角的観点から身につけることを目指します．

　世界的にも多降水地域である日本は，多彩な自然環境と豊富な水資源を活用した豊かな生活環境を構築しています．一方，台風や豪雨・豪雪，竜巻・突風現象による多様な風水害に見舞われ，豊かさと災害は表裏一体の関係にあるともいえます（図1）．また国連防災機関（UNDRR）によれば2000〜2019年の20年間で，世界の大規模自然災害はそれ以前の1980〜1999年から1.7倍増加しています[1]．この状況下では，防災・減災や災害レジリエンスの高度化・精緻化が進む一方，人口減少・高齢化による地域力（公助や共助）の低下を踏まえて，地域の実情に

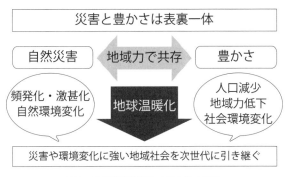

図1　地域災害環境システム学の創出

合わせた方策・施策の集約化を進める必要があります．将来高頻度での発現が予測される極端気象の激甚化の片鱗はすでに現れており（令和元年東日本台風や令和2年7月豪雨など），過去に経験のないような豪雨・暴風など想定外の極端気象への対策や対応は喫緊の課題といえます．加えて，気候変動に関する政府間パネル（IPCC）によれば地球の平均気温は2020年時点で産業革命以前よりすでに約1.1℃上昇[2)]しており，さらなる地球温暖化による気温上昇を見据えた環境変化への中長期的対策も必須です．

　気象災害の頻発化・激甚化や地球温暖化を背景とした環境変化の進行に対して，豊かな地域をどのように持続させ，地域力による「共助的」な防災対策を基盤とし「災害や環境変化に強い地域社会」を構築して次世代にいかにして引き継いでいくか，「地域」「環境」「災害」をキーワードとして，その体系化を推進する新しい学問分野「地域災害環境システム学」をここに創出します（図1）．

　本書の執筆陣は新潟大学で開講されている「地域災害環境システム学入門」および「同演習」の実施担当者を中心とした新潟大学の多様な分野の教員と，関係する学外の教員等で構成されています．新潟地域は日本の中でも特に多降水帯で，信濃川や阿賀野川など多くの河川が育む越後平野など広大な低平地は豊かな穀倉地帯である一方，有史以来，暴風・洪水・土砂災害など風水害の常襲地域で，豊かさと災害の表裏一体の度合いは特に顕著であると考えられます．また明治時代前半には日本一の人口を抱えていた新潟県は，近年他地域と比較しても急速な人口減少が進み，地域力の低下が特に懸念され，我が国の行く末（衰退）が先行する課題先進地域ともいえます．

　2007～2009年に新潟大学に相次いで赴任した本田（気象学），村山（人間工学），長尾（地域社会学），安田（河川工学）は学内の教員交流の場で面識をもつようになり，共通する地域の諸問題への興味から，豊かさと災害が共存する新潟という地域について分野を超えて議論をしばしば重ねてきました．その結果，いくつかの認識を共有するに至りました．まず，急速な人口減少によって，新潟県は地域力が失われ，さまざまな側面で衰退が見られることに危機感を抱きました．一方で，水を利活用する地域力があることにより，風水害の多いこの地域は豊かさを維持しているということにも認識を一致させました．その豊かさの維持に必須である治水対策は，公助完結型から公助＋共助＋自助による流域治水型への移行が提唱されるようになりました．私たちは議論を経て，風水害の頻発化・激甚化

が予測される時代を迎えるにあたり，今後より重要性を増す地域力評価を包括的に実施する必要性を共有したのです．またこの間，新潟大学では学内再編の動きが進み，2017年度に理農両学部と災害・復興科学研究所，佐渡自然共生科学センターの協働による「災害科学，環境動態学，生態学」を3本柱とした分野横断型の学士課程フィールド科学人材育成プログラムが開設され，本田，安田，豊田（環境哲学，合意形成論）が参画しています．さらに2021年度には接続する大学院課程フィールド科学コースが開設され，村山と長尾も参画し，自然科学の専門性に加え人間科学・社会科学の素養を踏まえた地域社会の活性化・再生化に活躍する中核リーダーおよび上位専門職の育成を目指す教育プログラムが築かれました．このように新潟大学では地域の自然環境と社会生活環境を専門とする教員の連携が緊密となり，分野横断型研究の推進と地域の諸問題の解決を目指す協働体制も整ってきました．

　新潟大学では専門の学びと幅広い学びを実現する全学分野横断創生（NICE）プログラム制度が運用されており，2022年度に「パッケージ型マイナー」として12の科目群から構成される「地域災害環境システム」を開設しました．この中で「地域災害環境システム学入門」および「同演習」を必修科目として立ち上げ，新潟大学のメンバーに加え，学外からは高田（合意形成学，地域マネジメント論），岡本（災害復興法学），坂本（人文地理学，河川工学）が参画することで，多彩な展開を進めています．なお，両科目とも新潟大学の全学生が受講できます．コアとなる「入門」は初年度30名定員でスタートしましたが履修希望者が殺到し，2年目からは定員を100名としています．

　本書の構成として，第1部では想像を超える自然災害のすがたをまず知ることから始めます．これまでに経験のない気象災害をもたらす近年の極端気象の特徴を紹介し，近年頻発する水害に適応するための流域全体で水害を軽減する最新の知見・技術について学びます．次に第2部では地域の社会生活環境に大きな影響を与える自然災害に備えるすべを，治水と環境保全の両立する自然共生川づくり，災害に備えるための地域力を高めるブランディング，地域に伝わる民話，神話，妖怪・怪異譚等の物語に着目した地域伝承と自然災害のつながり，対話と協働により地域特性を活かして実践的に築いた災害に強い地域コミュニティづくりの実例など，地域における人と環境のつながりに着目して，多角的な観点から防災や環境保全のあり方を学びます．それでも自然災害に見舞われることはあります．

第3部では，災害を乗り越えるために欠かせない健康社会のあり方，被災したあなたのお金とくらしを助ける多彩な法律など，被災してしまった場合でも乗り越えていくためのさまざまなアプローチを学びます．

　本書はどこからでも読み始めることができますので，まずは興味のあるページをお開きください．その上で通読することで，自然災害を知り，備え，乗り越えるための，一連の知見・知識を身につけていただくことをおすすめします．そして，本書が自然災害や環境変化に強い地域づくりへの一助となることを，著者一同願っております．

文　献

1)　CRED：Human Cost of Disasters：An overview of the last 20 years（2000-2019），UN Office for Disaster Risk Reduction，2020.
2)　文部科学省・気象庁：IPCC 第6次評価報告書第1作業部会報告書 政策決定者向け要約 暫定訳，The Intergovernmental Panel on Climate Change，2022.

1　なぜ災害が激甚化しているのだろう？

〔本田明治〕

　これまでに経験のない気象災害が増えています．地球温暖化の進行により気候の平均的な状態が変化してきており，これまでに経験のない高温や豪雨が発生しています．どのように対処したらよいのでしょうか？　まずは気象災害が迫ったら，早い段階で防災気象情報を確認し，これまでに経験のない状況を含む5段階の警戒レベルを踏まえて適切な行動をとることです．そして災害をもたらす気象のメカニズムを知ることです．ここでは豪雨をもたらす線状降水帯，温暖化にもかかわらず豪雪をもたらす日本海寒帯気団収束帯（JPCZ）を中心に理解します．将来予測される温暖化の状況下では気象災害のより一層の頻発化・激甚化が予想されています．21世紀に生きる私たちに求められることは地球温暖化をできるだけ食い止めるという世界共通の目標の達成に貢献することです．

◆ 1.1　近年の気象災害の特徴

a.　極端気象は異常気象？

　近年，極端気象によって気象災害が頻発化・激甚化していると感じている人が多いと思います．毎年のように発生する豪雨や，大型化・強靭化した台風による風水害，温暖化の進行にもかかわらず発生する豪雪による交通障害やインフラ被害，竜巻などの突風現象による構造物損壊など，人的被害も伴う気象災害のニュースが一年中聞こえてきます．また不幸にも気象災害に遭われた方のインタビューで「これまでこんな経験をしたことはなかった」，「長年住んでいたけどこんな大雨ははじめてだ」，「ここは先祖代々，安全な土地だった」などという言葉をよく耳にします．いわゆる「これまでに経験のない気象」が発現するようになってきたということでしょう．

　このような近年の極端気象による気象災害はいわゆる異常気象によるものでしょうか？　そもそも異常気象とはどのような状態を指すのでしょうか？　実は異常気象には明確な定義があり，気象庁では原則として「ある場所（地域）・ある時期（週・月・季節）において30年間に1回以下の頻度で発生する現象」を

異常気象としています．30年というのは世界気象機関（WMO）によって定められている平年値を算出する期間のことで，現在は1991〜2020年の30年間に観測された事象の統計量（標準偏差，階級など）から決まります．統計的には30年に1回程度発生するので，今現在も世界のどこかでは異常気象が起きていてもおかしくありません．この意味では異常気象は頻発していないともいえます．また，平年値が算出される期間は10年ごとに更新されますので，その都度，異常気象の基準が変わってくるということです．つまり，異常な状態が続くとそれがいずれは平均的な状態，つまり異常ではなくなるということです．ただし注意する点があります．それは地球温暖化の進行に伴う気温の上昇により平均的な状態が変化してきているということです．つまり過去30年の統計量に基づく平年値と現在の状態が乖離している可能性があります．このことは「これまでに経験のない（極端）気象」が現実に起こりやすいことを意味します．

b. 最近の気象災害の事例

　世界的にも多降水帯である日本において代表的な気象災害は豪雨といえましょう．特に顕著な災害をもたらす豪雨は夏季（6〜8月）に集中しています．その多くは6〜7月にかけて日本一帯に停滞する梅雨前線によるもので，梅雨期の中盤から後半にかけてしばしば顕著な災害をもたらします．最近では，気象庁が「令和2年7月豪雨」と名称を定めた事例は，2020年7月3〜31日にかけて丸1か月ほぼ全国的に記録的な大雨となりました．特に4〜7日の九州では線状降水帯（1.2節参照）が多く発生し，各地で大雨特別警報が発表され，球磨川など大きな河川で氾濫が相次ぎました．梅雨前線が北上すると日本海側でも豪雨となります．気象庁が名称を定めた「平成23年7月新潟・福島豪雨」は2011年7月27〜30日にかけて日本海に前線が停滞，線状降水帯が繰り返し発生しました．阿賀野川水系を中心に氾濫や浸水が蔓延し，JR只見線の長期不通（復旧は2022年10月）など交通機関にも大きな影響が出ました．また台風による災害は9〜10月が中心で，大雨に暴風を伴う事例が増えます．近年では令和元年9月と10月に，記録的暴風をもたらした「令和元年房総半島台風」，記録的大雨を広域にもたらした「令和元年東日本台風」の相次ぐ発生が記憶に新しいです．また近年は毎夏のように熱波に見舞われ多くの死者も出ることから「災害級の猛暑」と呼ぶ人もおり，今後は熱波も気象災害の一つとみなすべきかもしれません．

　冬に目を転じると，地球温暖化を背景として1990年前後を境に暖冬少雪傾向

が続いていましたが，2005〜2006年冬季は日本海側で記録的な大雪となり「平成18年豪雪」と名称が定められ，特に記録的低温となった12月は全国100地点以上で最深積雪の記録を更新しました．この冬以降もほぼ毎年のように，大雪になったとの声が聞こえてきます．近年は24時間降雪量が100 cm前後となるいわゆる「集中降雪」の頻発に伴い，高速道路や国道等での相次ぐ大規模交通障害の発生が特徴となってきています．

c. 5段階の警戒レベルと防災気象情報

内閣府では2020年に「避難情報に関するガイドライン」を制定し，防災情報は5段階の警戒レベルを明記して提供されることになりました．これによりどの情報がどの警戒レベルに対応しどのような行動をとるべきかが明快になりました（図1）．重要な点は「自らの命は自らが守る」意識をもち，自らの判断で避難行動をとることです．例えば，大雨警報が発令されれば警戒レベルは3で，自治体からは高齢者等避難が示されます．土砂災害警戒情報が発令されると警戒レベルは4で，危険な場所に対して自治体からは避難指示が出され全員避難となります．

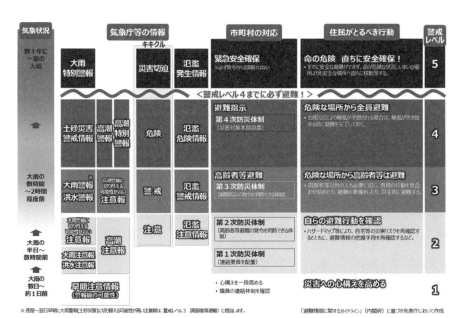

図1　5段階の警戒レベルと防災気象情報[1]

最も危険度の高い警戒レベル 5 は大雨特別警報の発令に対応しており，すでに災害が発生している可能性がある地域には，命を守る行動を最優先とする緊急安全確保が自治体から示されます．制定後も実態に合わせた改定が進められ（避難勧告と避難指示が，後者に一本化されるなど）現在に至りますが，警戒レベルと情報が紐づけられた点は評価すべきで，今後も引き続き改善を継続することでスタンダードとして定着していくと考えられます．繰り返しになりますが，自治体等からの発表にかかわらず，みなさん自身の判断で積極的に行動するためのガイドラインであることに留意してください．なお，警戒レベル 5 に相当する大雨特別警報は数十年に一度の気象状況に対応しますが，その地域に一度発令されれば数十年は発表されない，という意味ではありません．あくまで過去の統計に基づくものであり，再現期間とは異なり繰り返し発表されることもあります．

d. 気象庁が名称を定めた顕著な災害をもたらした気象現象

気象庁のウェブサイトには，第二次世界大戦後に発生した主な気象災害が約180 事例紹介されています[2]．戦後約 80 年なので年に 2〜3 回は大きな自然災害が発生している計算になります．その中で顕著な災害を起こした気象現象には気象庁が名称を定めており，「昭和 29 年洞爺丸台風」に始まり，「令和 2 年 7 月豪雨」まで 32 事例（関連して，地震現象は「平成 23 年東日本大震災」など 32 事例，火山現象は「平成 26 年御嶽山噴火」など 8 事例に名称）あります[3]．このうち 2004〜2023 年の 20 年に 15 事例定められています．1954（昭和 29）年からの 50 年で 17 事例なので，近年は年 1 回程度と命名頻度が非常に高くなっていることがわかります．基準はその時代の社会基盤の整備状況等により変化している点に注意を必要としますが，社会に大きな影響を与える災害が頻発していると見ることもできます．

続いて，次の 2 つの節で気象災害の中でも代表的な豪雨と豪雪をもたらす気象の特徴について見ていきましょう．

◆ 1.2 豪雨をもたらす線状降水帯

a. スコールライン型，バックビルディング型

最近毎年のように発生する豪雨災害において，「線状降水帯」を耳にすることが増えたと思います．線状降水帯は文字通り，線状に並ぶ複数の積乱雲の集合体[4] で，日本の豪雨の約 3/4 が線状降水帯によりもたらされているといわれてい

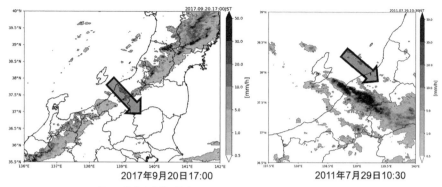

図2 線状降水帯（気象庁レーダー降雨強度データから作成）
左：スコールライン型．右：バックビルディング型．矢印は降水帯の進行方向．

ます[5]．線状降水帯は専門家の間でもさまざまな定義が使われていますが，気象庁では長さ 50〜300 km 程度，幅 20〜50 km 程度の線状に伸びる強い降水域を線状降水帯と定めています[6]．線状降水帯は，主にスコールライン型とバックビルディング型（図2）に分類されます．降水帯の走向と進行方向は，前者はおおむね直交し，後者はおおむね一致します．前者のスコールライン型の場合，降水は広域に及びますが，時間数十 mm の強い降水域を伴っていても各地の降水時間は1時間程度で収まる場合がほとんどです．一方，後者のバックビルディング型は，走向と進行方向が一致するため雨雲の通り道となる線状のエリアに降水が集中し，長時間継続した場合は記録的な大雨となり大規模な水害につながることもあります．降水エリアが集中することで，降水帯からわずか 10 km 程度離れるだけでほとんど雨が降らないこともあります．ただし河川の氾濫などによる水害は広域に及ぶ場合もあることに注意を要します．

線状降水帯は，同じ雨雲が居続けることで大雨をもたらすのでしょうか？ 大雨を発生させる雲は一般に積乱雲ですが，一つの積乱雲の寿命は 30〜60 分といわれています．これでは仮に線状に積乱雲が発生しても1時間程度で消えてしまうことになります．発生した線状降水帯を維持するためには，次々と積乱雲が発生し続けなければならず，いくつかの条件を必要とします．まず①暖かく湿った空気の流入が持続すること，②地形の影響や風が集まること（風の収束）で上昇流が発生して雨雲が形成されること，③上空に寒気が入るなど大気の状態が不安定で雨雲が積乱雲に発達すること，④上空の風で積乱雲が流された後に同じ場所

で次の積乱雲が発生・発達することです．つまり積乱雲ができては流され，できては流されすることで，積乱雲が線状に並ぶ降水帯が形成されるのです．また，積乱雲が発生する場所では上昇流があるので，地表付近では周囲の空気が集まりやすくなります（収束の強化）．つまりいったん線状降水帯が形成されるとそれを支える仕組みが作用することで，長時間にわたって維持されやすくなると考えられます．広域に満遍なく降れば普通の雨でも，（あたかも川の支流が本流に合流するように）特定の（線状の）エリアに降水が集中することで豪雨となる恐ろしさがあります．

b. 線状降水帯による豪雨事例と予測

バックビルディング型線状降水帯の一例として，「平成23年7月新潟・福島豪雨」の事例を見てみましょう（図3）．7月29日朝9時の地上天気図（a）を見ると梅雨前線が日本海から新潟県付近にかかっています．前線では周囲から風が集まり上昇流が発生しています．本州の南には高気圧があり，時計回りに東シナ海から日本海に入る暖かい湿った気流（矢印）が前線にぶつかる新潟付近は積乱雲が特に発達しやすい状況にあります．9時のアメダスの風の場（b）を見ると新

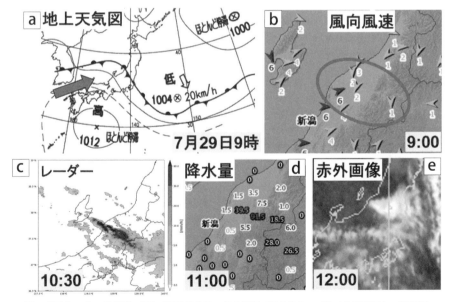

図3 「平成23年7月新潟・福島豪雨」発生時の気象概況（気象庁ウェブサイト掲載図を一部改変）

潟県付近で北東寄りの風と南西寄りの風が集まっています（丸囲み）．10 時半の
レーダー画像（c）を見ると佐渡島付近から南東方向に線状の強い降水帯が確認
されます．11 時のアメダス 1 時間降水量（d）によれば最大 91.5 mm をはじめ
線状降水帯に沿って各地で数十 mm の降水量を観測しています．一方，周辺で
はせいぜい 1 桁の降水量であることもわかります．12 時のひまわり赤外画像（e）
では佐渡島付近を起点に東方向に広がる扇状の雲域が確認されます．積乱雲に伴
う上昇流が成層圏界面にぶつかって周囲に広がる雲で，上空の西風で流されてこ
のような形状になります．これは「にんじん状雲」と呼ばれ，線状降水帯を伴っ
てしばしば確認できる雲なので，衛星画像でこの雲がお住まいの地域にかかって
いる場合は特に注意をしてください．

　このように線状降水帯の概要はある程度わかっており，気象庁は 2022 年 6 月
からその発生の予測を始めています．しかしながら発生の要因は複雑に絡み合っ
ており，主に海上で発生するため特に重要な要素である海上の水蒸気量の把握が
難しく，また予測に用いる現行の数値モデルは個々の積乱雲の発生・発達を十分
に表現できないことから，まだ予測精度は低い状態です．しかしながら今後の観
測技術や予測技術の進展による予測精度の向上は十分に期待されます．お住まい
の地域にその発生を予測する気象情報が発表された場合は，現状としては線状降
水帯がいつどこで発生してもおかしくない状況であるとみなし，発生しなかった
としてもその場合はむしろ幸いなことであったと捉えることをおすすめします．

c. 極端気象をもたらす上空の寒冷渦

　線状降水帯など災害をもたらす気象現象は，台風を除くと多くの場合は上空の
寒気を伴っています．偏西風（ジェット気流）の低緯度側への蛇行に対応しますが，
蛇行が強まると寒気を伴う低気圧として切り離され「寒冷渦」と一般に呼ばれま
す（図 4 左）．冷たくて重たい空気が上空に入るので，直下の大気は不安定となり，
災害をもたらすような大雨，雷雨，竜巻等の極端気象をしばしば発現させます．
寒冷渦の指標はこれまでも示されていますが，私たちのグループでは寒冷渦を中
心位置，強度，影響範囲の 3 つの要素から捉える新指標（寒冷渦指標）の開発（図
4 右）と，寒冷渦指標をある時刻の上空の天気図から出力可能な自動数値計算ス
キームの構築に成功しました[7]．寒冷渦は一般に数日〜1 週間の寿命をもつので，
寒冷渦を追跡することで極端気象発現予測の精度向上への寄与も期待できます．
日々の寒冷渦の分布は，「寒冷渦マップ」として新潟大学ウェブサイトで公開さ

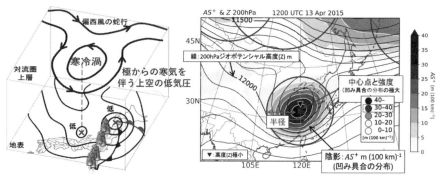

図4 左：寒冷渦と極端気象の関係の模式図. 右：寒冷渦指標の一例で, ある日時の 200 hPa 面高度場において, 寒冷渦の中心点, 強度, 半径を評価したもの[9].

れており, どなたでもご覧になることができます[8].

◆ 1.3 温暖化で豪雪が増える？

a. 日本の降雪の特徴

　冬季の日本は国土の約 8 割の地域で降雪が観測され, 約 5 割の地域は長期積雪（根雪）となり, 世界的に見ても多雪地帯といえます. 気候学的には, 北太平洋上のアリューシャン低気圧とユーラシア大陸上のシベリア高気圧に伴う北西の季節風が日本海上で熱と水蒸気の供給を受けて雪雲を形成することで, 日本海側を中心に降雪をもたらします. 山間部の多いところでは人里でも一冬の降雪量が 10 m 以上, 最深積雪が 2〜4 m に及ぶこともあります.

　日々の天気現象としては, 低気圧が発達しながら日本列島を東進して北太平洋に抜け, 大陸の高気圧との間で等圧線が南北に走るいわゆる西高東低の冬型の気圧配置となると, 大陸からの冷たく乾いた風が日本海に吹き出して熱と水蒸気を受けて雪雲が発生します. 日本海で発生する雪雲は主に 4 つのタイプがあります（図5）. 吹き出した北西の風に沿う筋状の雪雲①L モード, 北西の風にほぼ直交する②T モード, 朝鮮半島の付け根付近から延びる発達した帯状降雪雲③日本海寒帯気団収束帯（Japan Sea polar airmass convergence zone：JPCZ[10]）, 北海道〜東北沖に発生する④西岸小低気圧で, このうち特に豪雪をもたらすのが③のJPCZ です. JPCZ は朝鮮半島の付け根に近い山岳地帯を迂回した北西風が日本海上で再び合流（収束）して発達する雪雲で, 幅数十 km, 長さ数百 km に及び

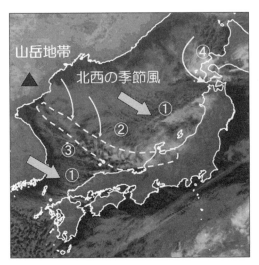

図5 冬の日本海で発生する4つのタイプの雪雲（長峰聡
氏作図を改変）
①Lモード，②Tモード，③JPCZ（日本海寒帯気団収束
帯），④西岸小低気圧．

ます．一度発生すると長時間持続することが多く，1回の降雪で100 cm 以上の「集
中降雪」による大規模な交通障害をもたらすこともあります．

　降雪分布のタイプとして山雪型と里雪型が知られています．山雪型は冬型の気
圧配置が強まり等圧線の間隔が狭くなることで季節風が強まり，脊梁山脈でさら
に雪雲が発達し山沿いを中心に大雪となります．一方，里雪型は何らかの理由で
冬型の気圧配置が緩んで季節風は弱まるものの，上空の寒気に伴って発達した雪
雲が海岸平野部を中心に大雪をもたらします．JPCZ も冬型の気圧配置が緩んだ
状況で発生することが多くなります．

b. JPCZ（日本海寒帯気団収束帯）

　JPCZ の一例として 2018 年 1 月 11〜12 日に新潟市で 24 時間降雪量が 80 cm
に達した事例を見てみましょう（図6）．右下の 11 日 21 時の天気図を見ると冬
型の気圧配置は緩んでいますが，等圧線は日本海の西側で「くの字」状となって
おり，凹みの大きい部分を結ぶように JPCZ の雪雲が延びているのが左上の衛星
画像から確認できます．また右上のレーダー画像からは新潟市付近に西側から雪
雲が次々と向かっています．通常雪の少ない新潟市ですが，このときは除雪が追

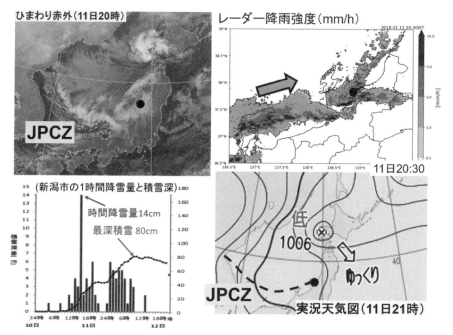

図6 2018年1月11〜12日，新潟市の記録的大雪時の気象概況（各図は気象庁ウェブサイトから．左上図中の丸は新潟市の位置）．

いつかず鉄道・バスなどの交通網の麻痺で物流も滞り，市民生活に大きな打撃を与えました．天気図を注意深く見ると，北海道沖には西岸小低気圧が見られ，その南側の日本海東部では等圧線が「逆くの字」状で，日本海上の気圧配置は全体として「胃袋型」になっています．日本海側沿岸部に大雪をもたらす気圧配置の特徴として近年注目しています．

　JPCZは海上で発生するためその実態はよくわかっていませんでしたが，2022年1月と2023年1月の2冬，私たちのグループは水産大学校耕洋丸による日本海洋上観測によって豪雪をもたらすJPCZの集中観測に成功しました[11]．JPCZ中心部では，風・気温・湿度・気圧の急変が上空約4kmの雪雲トップまで達し，水平距離わずか15km以内で風向が西風から北風に90°激変することで，収束線状に「線状の降雪帯」を形成することがわかりました．収束線上に集まる水蒸気量を換算すると1日の降雪量が200cmに達することも確認しました．

c. 南岸低気圧による大雪

日本海で発生した雪雲は通常は脊梁山脈を越えることはなく，冬季の太平洋側は晴天日が多くなります．しかしながら本州の南側を低気圧が通過すると気象状況によって降雪となり，数 cm の積雪でも交通障害を中心に大きな被害を生じます．この南岸低気圧はときに記録的大雪をもたらすこともあります．近年では 2014 年 2 月 14〜15 日の関東甲信地方の大雪で，最深積雪が甲府で 114 cm，前橋で 73 cm など各地でこれまでの記録を大幅に更新しています．0℃前後の降雪のため雨雪判別も難しく，1℃変わるだけで雪の降り方が大きく変わるため，南岸低気圧による雪の予想は特に難しいとされています．

d. 北極海の海氷減少が大雪をもたらす？

地球温暖化の進行する中で，なぜ豪雪が発生するのでしょう．いくつか要因は考えられますが，ここではその一つとして，温暖化による北極海の海氷減少が逆に冬季の日本に寒さをもたらすという，一見パラドックス的なメカニズムを紹介しましょう．きっかけは 1.1 節にも示した「平成 18 年豪雪」です．記録的低温大雪となった 2005 年 12 月から 3 か月遡る 9 月，北極海の海氷面積は当時の最小記録を更新しました．これをきっかけに両者の関係を過去データによって調べると，夏季の海氷面積最小期（9 月）に北極海の海氷面積が少ないと，続く冬季の日本付近が寒くなりやすいことがわかってきました．数値実験でもこの関係を確認して以下のメカニズムを提唱しました[12]．夏季の海氷が少ないと秋〜初冬の海氷が特にノルウェー北部のバレンツ海で少なく，大気が加熱されやすくなります．これにより北欧でジェット気流（偏西風）は北回りとなりますが，下流の日本を含む極東一帯では南回りとなります．偏西風の蛇行の強化により大陸上では寒気が入りやすくなりシベリア高気圧が発達し，これにより日本付近では冬型の気圧配置がより強まるというものです．実際この冬を含む直近の 18 冬のうち 10 冬にこの傾向が出ています．では地球温暖化によりますます北極海の海氷が減少すると，日本の冬はさらに寒くなるのでしょうか？　答えは「否」です．海氷減少の影響は一時的と考えられます．温暖化が顕著な北極域では海氷以外の雪氷にも多くの変化が起こっており，大気場にもさまざまな影響が現れ始めていることに注意が必要です．

◆ 1.4 気候変動（温暖化）で変わる？ 気象災害

a. 地球規模で進む温暖化の実況

　地球温暖化はもはや世界が協働して立ち向かわなければならない課題であるといえます．2021 年に地球温暖化研究のパイオニアでもある眞鍋淑郎氏が，気象気候分野ではとれないといわれていたノーベル物理学賞を受賞したその意義を，私たちはあらためて考えるべきでしょう．同年に気候変動に関する政府間パネル（IPCC）第 1 作業部会が発表した第 6 次報告書の科学的評価[13] では，世界の平均気温は 1850〜1900 年の平均に比べ 2020 年時点で 1.1℃上昇しています．本節では温暖化の実態と異常気象の関係，また将来予測される温暖化の状況下で気象災害はどう変わりうるかを考えていきましょう．

　気象庁によると日本の気温は 2020 年時点において，過去 100 年間で 1.28℃上昇しています．上記の IPCC の基準と異なりますが，世界平均より気温上昇の度合いは大きいといえます．なお，気温の変化は一様ではなく，年々変動に加え数十年規模の下降期，停滞期，上昇期を伴いながら，全体として上昇傾向であることに注意が必要です．年降水量については上下動を繰り返していますが有意には長期変化傾向は見られません．一方，大雨（日降水量 100 mm 以上など）の日数

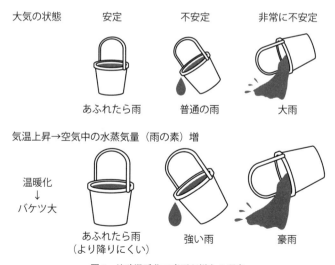

図 7　地球温暖化で豪雨が増える理由

は増加傾向にあり，無降水日数（日降水量0mm）も増加傾向にあります．

　温暖化するとなぜ大雨が増えるのか考えてみましょう．雨の素となるのは空気中の水蒸気で，含むことのできる最大量（飽和水蒸気量）は，気温の上昇とともに増加します．この飽和水蒸気量をバケツに，水蒸気を水にたとえます（図7）．まず通常の状態を考えます．大気の状態が安定だとバケツは揺れず，水が溢れたら（飽和水蒸気量を超えたら）雨となります．大気の状態が不安定になるとバケツが揺れる状態に合わせて雨が降ります．大気の状態が非常に不安定になるとバケツがひっくり返り大雨となります．続いて温暖化した状態を考えます．気温の上昇はバケツのサイズが大きくなることに対応します．大気の状態が安定であれば，通常時と同様にバケツが溢れたら雨となります．大気の状態が不安定になると同じバケツの揺れでも量が多くなり強い雨となります．大気の状態が非常に不安定になるとバケツはひっくり返りますが，その量が多いため豪雨となります．バケツが空になると，今度はバケツに水が溜まるまで時間がかかるため雨が降りにくくなる，つまり無降水日数が増えることになります．

b. 地球温暖化の進行で将来予測される気象災害

　続いて将来予測される温暖化時において，気象災害はどう変わりうるかを見ていきましょう．温室効果ガスの排出量によって5つのシナリオが設定されており，今世紀末（2100年）の時点で，1850～1900年の平均に比べ1.5～4.8℃の上昇が予想されています．気象庁ではIPCC第5次報告書の結果に基づいて，今世紀末に約4.5℃上昇した場合の気候予想変化を示しています[14]．これには，現在すでに現れている傾向をさらに助長するような予測結果が示されています．猛暑日や真夏日の増加，冬日や真冬日の減少は平均気温の上昇を直接的に反映しています．年降水量については冬の降雪が減少する日本海側を除き有意な増減は見られませんが，大雨日数および無降水日数は全国的に有意に増加する予測です．これに伴い，洪水災害と渇水リスクの双方の増加も指摘されています．また台風（熱帯低気圧を含む）については，全発生数は減少しますが，大型台風発生数，平均最大発達強度，総降水量はいずれも増加する予測結果が示されています．これらは今世紀末の予測ですが，現在すでにそのシグナルは現れているともいえます．例えば「令和元年東日本台風」をもたらした台風第19号は関東甲信～東北地方の広い範囲で大雨，暴風，高波，高潮をもたらし，1都12県で大雨特別警報が発令され，箱根の総降水量が1000mmを超えるなど各地で記録更新が相次ぎました．北陸

新幹線長野新幹線車両センターの水没映像を記憶している方も多いでしょう.

地球温暖化に伴って海面水温も同程度の上昇が予測されています. 気象庁によれば1898～2021年の観測結果から, 日本周辺では1.19℃の水温上昇が確認されています. 海域により0.34～1.80℃上昇し, その最大は日本海中部海域です. 同程度の寒気が大陸から吹き出した場合, 温暖化した海はより大量の熱と水蒸気を大気に供給し雪雲を発達させます. 気温上昇により海岸平野部では雨でも, 条件によっては山沿いでは雪として降る場合があり, いわゆるドカ雪をもたらす可能性があります. 実際, 日本の最深積雪上位20地点では, 21世紀に入って以降に1月は9地点, 2月は11点記録が更新されています. 21世紀末の海面水温が4℃上昇した場合, 冬季の降雪量は全国的に減少し特に本州日本海側で量的な減少が大きいです. 一方, 10年に一度の大雪頻度は本州や北海道の内陸部ではむしろ増加する予測も示されています[15].

また海面水温の上昇は海面水位の上昇を招きます. IPCC第6次報告書によれば2015年時点で平均20 cm上昇しており, 今世紀末の予測は50～100 cmとなっています. 海岸平野部での大雨, 高波, 高潮による浸水機会の増加を意味しており, 主要都市部にゼロメートル地帯を多く抱える日本は早急な対策が求められます. またIPCC第6次報告書はグリーンランド氷床等の崩壊による海面水位の早期上昇の可能性も示唆しています.

◆ 1.5 ま と め

近年の気象災害がなぜ激甚化しているのかについて, その特徴を紹介し, 地球温暖化を背景に「これまでに経験したことのない気象」が増えていることで過去の経験が通用しなくなってきていることを確認しました. このような状況を踏まえて2013年からは「特別警報」の運用が始まり, 2020年からは「避難情報に関するガイドライン」に基づき, 防災情報は5段階の警戒レベルを明記して提供されることになりました.

気象災害の中でも代表的な豪雨と豪雪をもたらす気象のメカニズムを紹介し, 豪雨は主に線状降水帯によって, 豪雪はJPCZによってもたらされることを理解しました. また地球温暖化は空気中に含むことのできる水蒸気量を増加させ, 豪雨や豪雪に寄与する仕組みを紹介しました. 一方, 一時的ではありますが温暖化による北極海の海氷減少が偏西風の蛇行を強化し, 近年の冬季の日本付近は寒気

が入りやすい状態であることも理解しました。

　将来さらに地球温暖化が進行した場合，これまで以上に気象災害は頻発化・激甚化することが予想されます。雪は総じて減少しますが，地域によってドカ雪はむしろ増えると予想されます。またじわじわ進む海面水位上昇が浸水災害のリスクをさらに高めていくことには，今から対策を講じる必要があります。いずれにしても地球温暖化をできるだけ食い止めることが21世紀に生きる私たちには求められます。2015年12月に国連気候変動枠組条約第21回締約国会議（COP21）において合意され，2016年に発効した「パリ協定」では，平均気温上昇を産業革命以前に比べて1.5℃に抑える努力を追求すること（1.5℃目標）が示されました。これは1.5℃を超えると気候関連リスクが大きく増加することが確認されたためです。猶予はあと0.4℃しかなく，この目標達成のためには2050年までに温室効果ガス排出量を実質ゼロにすることが求められます。現在はその意味で危機的な状況を回避できるかどうかぎりぎりの状況にあるといえますが，これは世界共通の目標であり，地球に生きる私たち一人ひとりの意識を変えていけば，決して達成できない目標ではないでしょう。

文　献

1) 気象庁：防災気象情報と警戒レベルとの対応について. https://www.jma.go.jp/jma/kishou/know/bosai/alertlevel.html（2023-10-11 閲覧）
2) 気象庁：災害をもたらした気象事例. https://www.data.jma.go.jp/stats/data/bosai/report/index.html（2023-10-11 閲覧）
3) 気象庁：気象庁が名称を定めた気象・地震・火山現象一覧. https://www.jma.go.jp/jma/kishou/know/meishou/meishou_ichiran.html（2023-10-11 閲覧）
4) 津口裕茂：線状降水帯. 天気，**63**：727-729，2016.
5) 津口裕茂・加藤輝之：集中豪雨事例の客観的な抽出とその特性・特徴に関する統計解析. 天気，**61**：455-469，2014.
6) 気象庁：予報が難しい現象について（線状降水帯による大雨）. https://www.jma.go.jp/jma/kishou/know/yohokaisetu/senjoukousuitai_ooame.html（2023-10-11 閲覧）
7) Kasuga, S. *et al.*：Seamless detection of cutoff lows and preexisting troughs. *Mon. Wea. Rev.*, **149**：3119-3134, 2021.
8) 新潟大学大気海洋システム研究室：寒冷渦マップ. http://naos.env.sc.niigata-u.ac.jp/~coluser/index.php（2023-10-11 閲覧）
9) 新潟大学：極端気象をもたらす寒冷渦を捉える新指標を開発. https://www.niigata-u.ac.jp/news/2021/93683/（2023-10-11 閲覧）
10) 浅井冨雄：日本海豪雪の中規模的様相. 天気，**35**：156-161，1988.

11）Tachibana, Y. *et al.*：High moisture confluence in Japan Sea polar air mass convergence zone captured by hourly radiosonde launches from a ship. *Sci. Rep.*, **12**：21674, 2022.

12）Honda, M. *et al.*：Influence of low Arctic sea-ice minima on anomalously cold Eurasian winters. *Geophys. Res. Lett.*, **36**：L08707, 2009.

13）文部科学省・気象庁：IPCC 第 6 次評価報告書第 1 作業部会報告書 政策決定者向け要約 暫定訳, The Intergovernmental Panel on Climate Change, 2022.

14）気象庁：地球温暖化予測情報 第 9 巻, 2017.

15）Kawase, H. *et al.*：Enhancement of heavy daily snowfall in central Japan due to global warming as projected by large ensemble of regional climate simulations. *Climatic Change*, **139**：265-278, 2016.

2　人は水害を克服できるか？

〔安田浩保〕

　私たちの先達は，これまで水害をはじめとする自然災害と折り合いをつけて生き延びてきました．21 世紀の現在においてもなお人は水害と共存する以外に道はないのでしょうか．本章では，まず，なぜ我が国は水害に見舞われやすいかを理解するため，我が国に特有の河川の特徴を学びます．次に，このような河川に対し，我が国における治水の変遷について学びます．現在は，データを駆動源とする第 4 の産業革命の萌芽期といわれています．過去の産業革命を振り返ると，産業革命に伴ってそれ以前には考えられなかった新しい手段が発明され，人々はさまざまな問題を克服してきました．本章の最後において，最先端の技術により，洪水が流下しても壊れにくい河道を築造した上で，流域全体で洪水を賢く滞留させることで，人と社会の洪水による被害をゼロとし水害を克服する技術の可能性について学びます．

◆ 2.1　多雨かつ急峻な地形における我が国の河川とは？

　我が国には特有の美点がいくつもあります．それらは，世界の大小さまざまな国々と我が国を比べると，すぐに見つけることができます．その一つは国土全体が水で潤い，豊かな緑に覆われていることでしょう．大陸の乾燥した内陸部にくらす人々が我が国を訪れると，まず彼らは旅客機から眼下に見える広大な農地や青々とした森林が続く風景に驚嘆します．我が国では降水が国土全体にもたらされるためにどこにも一定量の水が存在します．日本しか知らずに他国との対比をしたことがなければ気づきにくいことですが，我が国の国土はどこでも植物が旺盛に成長でき，農業を容易に営むことができ，また，豊かな森林を維持できるのです．ユーラシア大陸や北米大陸の内陸部は殺伐とした乾燥地が広がります．そこでは，人工的な灌漑が整備されない限り農業を営むことはできず，山地を植物が覆うことはありません．

　水が豊潤な我が国と乾燥気味の国々とでは，人々の水との向き合い方は対照的です．我が国では，梅雨期や夏季に大雨が降ることがあり，普段の生活に必要以上の雨がもたらされます．このとき，あり余る水とどう向き合うかに悩まされま

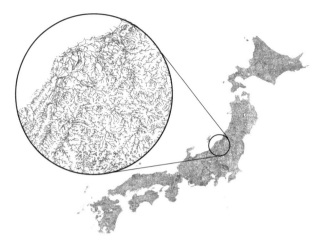

図1 日本全国の河川網（国土地理院がオンライン上で公開する国土数値情報から作成）

す．数十に一度のごく稀な大雨が降ると，河川の中に水が収まりきらずに，水害となります．一方で，乾燥地域ではそもそも少量しかない降水をいかに溜めるかに悩みます．

　我が国の国土全体が水で潤っているのは，温帯多雨地域に位置し，太平洋と日本海のそれぞれで発生した雨雲が非常に長細い形の国土全体をすっぽりと覆うことができるため，満遍なく降水が行きわたるからです（図1）．しかし，このために，自然の状態のままでは人や社会が被害を受けやすい河川が国土全体に満遍なく存在し，北海道から九州にかけての109の河川が国によって管理されています．このほかに，県などの自治体が管理する河川もたくさんあります．国と自治体が管理する河川の総延長は合計すると12万kmにも上ります．細長い日本列島の長軸方向つまり北海道の北端から九州の南端までの1800kmもの長大な範囲に，生物の体内の隅々にまで張りめぐらされた血管のように，あり余る水を海域へ運ぶ大小の河川が存在することがすぐに想像できるでしょう．

　今度は日本列島の短軸方向，例えば東京と新潟を結ぶ距離を考えてみましょう．これはおよそ300kmとなります．また，この線上において地形の標高を考えると，海岸線から内陸に向かうに従って徐々に標高を増し，この線上のおおむね中間点付近で標高は最大となります．地域によってばらつきはありますがこの線上での最大の標高は2000mほどです．短軸方向の距離とその線上の標高から我が

国の河川の概形を想像することができます．我が国の河川の中には，流路延長が300 km を超えるものがいくつかありますが，大河川と呼ばれる河川でさえその流路延長が100 km 前後にとどまる理由は，国土を俯瞰するとすぐに理解できるでしょう．また，河川ごとの降水の受け持ち面積である流域面積という河川の規模を表す指標の一つは，山の尾根線を結んだ内側の面積です．流域全体に降り注いだ雨は，一部は地中に浸透しますが，その7割ほどは尾根から谷線に向かって流れます．斜面上を流れる水の勢いは，斜面を転がる球と同様に，斜面の勾配で決まります．我が国の河川における水の勢いは，山地部では数十分の一の勾配により決まり，平野部では数百分の一から数千分の一の勾配により決まります．スキー場の斜面の勾配と比べると，山地部の河床の勾配でさえはるかに小さな勾配です．しかし，水にとっては数百分の一の勾配は大量の水を勢いよく流すには十分な勾配なのです．また，その強い勢いの水は大量の土砂を運ぶこともできます．洪水時に輸送される土砂の生産源は山地部です．我が国の河川は山地部から平野部にかけてのすべての区間において，洪水時に活発な土砂の輸送が生じ，その後洪水が収束するとその土砂はそのまま置き去りにされます．つまり，人のくらしと密接な関係があるほぼすべての河川は埋没の傾向にあり，このことこそが我が国の国土全体に水害をもたらしやすい河川が散在する本質的な理由です．

◆2.2　洪水になるとどこでどんなことが起きるのか？

　我が国の河川は，自然の状態のままだと2〜3年に一度ほどの頻度で洪水となり，河川が溢れて人や社会に被害（以降，水害）を及ぼすといわれています．このため，我が国では，およそ140年ほど前の明治時代の中頃から，数十年から100年に一度ほどの稀な大雨となっても水害が起きないように，河口から上流に向かってまるで金太郎飴のように断面が台形の堤防を連ね，また，上流域においてはダムをつくってきました．このような堤防とダムのおかげで，今では我が国ではどこの地域においても，頻繁に起きる規模が小さな雨では水害を意識することなく安全にくらすことができるようになりました．

　100年に一度ほどの稀な大雨とは，そのような大雨が今日あったとしても，次に同じように稀な大雨が起きるのは100年後であるという頻度ではなく，稀さを意味しています．極端にいうと，明日にも再びあるかもしれないのです．

　現在までに築いてきた堤防とダムに100年に一度ほどの稀な大雨が流れ込むと

どのようなことが起きるかを見ていきましょう．まず，水面の高さ（以降，水位）は，国が管理するような大規模な河川では，普段に比べて 10 m ほども上昇します．建物でいうと 3 階建ての屋根よりも高くなります．水位の上昇の規模は，河床の勾配が緩やかな平野部の河川ほど大きく，山地部や扇状地の出口など河床の勾配が急な河川では 2〜4 m ほどに収まることが多いです．ただし，水の流れは，勾配が急なほどに速くなる性質があり，身の安全を守るために上流の河川でも増水中は不用意に近づかないことが鉄則です．

このような水位の上昇が起きるのは，普段に比べて河川に大量の降水が集まってくるからです．例えば，信濃川の流域の全体に 100 年に一度ほどの稀な大雨が降ると，信濃川には毎秒 1 万トン程度もの水が半日ほども流れ続けます．この単位時間に流れる水量を流量と呼びます．毎秒 1 万トンもの流量がどれほどの規模かをすぐに想像することは難しいでしょう．一般家庭の浴槽の容量は 200 L 程度ですから，わずか 1 秒で 5 万軒の家庭の浴槽が満杯になる計算です．これほどの膨大な流量がどこから集まってくるかを考えましょう．信濃川の流域面積は 1 万2000 km² 程度です．流域全体に満遍なく降水があったとすると，信濃川は流域の中の標高が低い谷筋ともいえますから，膨大な量の水がこの河川に集まることは何も不思議ではありません．中小規模の河川ではどの程度の流量となるかといえば，河川ごとにばらつきはありますが，毎秒数百〜1000 トン程度のことが多いです．

現在の私たちの身の回りの河川は地図上で見ると湾曲する部分がところどころあるものの，人工物の道路と同じように基本的には直線状をしています．しかし，我が国の河川はもともとのすがたは，蛇行していたものが多いのです．明治時代の中期に開始した堤防の築造の際に，大雨による増水を速やかに海域に流し出すために蛇行していた河川の形を直線的に改修している場合が多いのです．つまり，現在，私たちが河川と認識しているものは，その平面的な形は人工的に直線状に改修され，また，河川の両岸沿いには高さが数 m から 10 m ほどの堤防が築造されたもので，自然状態のすがたとは大きく異なるものなのです（図 2）．

このような大量の流量が河川に流れ込んだときに，その容器といえる河川ではどのようなことが起きるかを見ていきましょう．まず，大雨による増水を河川が収容できなかった場合です．洪水は河川から溢れ出し，私たちの生活域へと流れ込んできます．実は河川から生活域への洪水の流れ込み方には 2 種類あります．

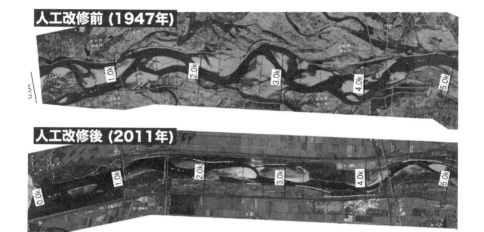

図2 荒川の変遷（提供：国土交通省羽越河川国土事務所）
上：河道改修が本格化する以前の 1947 年，下：基本的な河道改修をほぼ終えた 2011 年の空中写真.

一つは増水が収束するまで堤防は形をとどめて，堤防の高さを超えた洪水が市街地や農地に流れ込むもので，「越流」と呼ばれる形態の水害です．もう一つは，ある時点までは越流の形態であるものの，越流する洪水が堤防を浸食し，ついに堤防が壊れてしまう「破堤」と呼ばれる形態の水害です．言葉だけでは両者の違いを想像することは難しいでしょう．しかし，洪水後の被害の形態と規模はまったく異なります．筆者は，2019 年台風第 19 号により堤防が決壊した千曲川における現地調査に携わりました．この調査により千曲川はある時刻までは河川の両岸で越流が生じ，左右合わせて合計 6 km もの区間で越流していたことがわかりました．最終的には，千曲川の下流に向かって左側の堤防が決壊し，長野市穂保地区において新幹線の車両基地の水没をはじめとする 10 km² もの範囲が浸水しました．筆者は，堤防が決壊した 3 日後に決壊した地点の周辺に赴きました．決壊地点から 100 m 以内の範囲は激流となったことが推測され，全半壊した一般家屋が多数見られました．数百 m の範囲の住宅地とりんごの果樹園などには数十 cm の土砂が堆積していました．このために普通車両の通行は難しく，徒歩での移動も容易ではない状況でした．この土砂が床上もしくは床下に流れ込んだ家屋は，その除去に大変に苦心していました．また，氾濫した水は下水も巻き込んで街中に広がり，場所によっては強い悪臭が漂っていました．仮に土砂が除去で

きたとしてもその強い悪臭は簡単には消えないため，家屋の建て替えを余儀なくされることもあります．これらの一連の直接的な被害額は 2000 億円程度と試算されています．一方で，その対岸側の小布施地区でも越流が発生し，やはり市街地は浸水しました．しかし，穂保地区とは対照的に，洪水の収束からわずか 3 日後から早いところでは徐々に日常生活が回復していきました．つまり，被害の形態と規模は，堤防が決壊を免れ，洪水が街の中へ流れ込むことを食い止められたかどうかでまったく異なるのです．たとえ，洪水が堤防を乗り越えたとしても，堤防が維持されれば，壊滅的な被害を免れます．そこで，洪水が河川から溢れそうになると，水防団や自衛隊により堤防に沿って土嚢積みが行われるのです．

　次に，大雨による増水を河川に十分に収容できた場合です．そのような増水でも河川は大きく変形することがあり，これが大きな被害の呼び水となることがあります．洪水による典型的な河川の変形には 2 つあります．一つは数 m もの規模での河床の増減です．洪水の真っ最中は土砂が活発に輸送され，このときに洪水前と比べて河床が数 km の広い区間にわたり数 m ほども低下することがあります．このような河床の低下は，堤防を保護する護岸や橋脚の基礎深度を上回ることがあります．こうなると，護岸は数百 m にわたり連続的に損壊します．橋脚が大きく損傷した場合は落橋に至ります．しかし，このような河床の低下は，増水が収束するときに埋め戻されてしまうためにその実態は誰にもわかりません．もう一つは，増水により活発な土砂輸送が起きると，河道改修による直線状の流路を蛇行流路へ回帰させる動きが引き起こされます．

　洪水を契機とした，普段の河川のすがたからはまったく想像もできないような河川の大規模な変形は，河川と並走する道路の浸食や，落橋を引き起こします．例えば，2016 年 8 月の北海道中央部の記録的な豪雨においては，100 か所以上もの橋梁が流出し，夜間のためにこれを発見できなかった通行車両が転落する事故が複数発生しました．2019 年 10 月の台風第 19 号の豪雨においては，これに伴う洪水によって長野県上田市の千曲川の堤防が 300 m も削り取られたため，千曲川に架かる鉄道橋の一部が落橋しました．

◆ 2.3　これまでどのように河川を治めようとしてきたか

　本章の冒頭において，我が国には国が管理する 109 もの河川があると書きました．現在見るような河口から上流へ向かって連続した堤防や上流域におけるダム

の築造が行われるようになったのは，19世紀末の産業革命を契機とした建設機械の発明後です．それ以前に，国土全体が水害の常襲地帯といえる国土において，先達は河川や水害とどのように向き合ってきたでしょうか．我が国において，体系的な治水，つまり社会的な事業として水害対策が本格的に実施されるようになったのは戦国時代以降といわれています．当時の戦国武将たちは，特に食糧を安定に生産するために，洪水から農地を守ることを目的とした治水事業を行いました．このような部分的な治水は現在から見ると意外に思うかもしれません．当時は，人力以外に治水事業を推し進める手段がなく，このために大掛かりな土木工事は非常に難しく，治水事業は，農地を防護することを目的とした部分的な治水しかできなかったのです．当時の人間の技術力にとって治水事業はそれだけ大掛かりな事業だったということです．この時代の例外的に広域な治水事業は徳川家康による利根川の東遷などに限られるでしょう．その後，明治の中期になりはじめて土木工事の手段として建設機械を用いることができるようになったのです．現在でさえ大規模な治水事業は着工から完成までに20年以上を要するものは珍しくありません．

当時の日本の主要な輸送手段は，海域と河川における舟運でした．このため，舟運の利便性を向上させるために河川の改修も盛んに行われました．例えば，新潟県三条市は海岸線から約40kmほども内陸に位置しますが，江戸時代には，全国でも有数の「和釘」の生産地として知られていました．全国への和釘の供給を可能としたのは信濃川を輸送経路とすることができたからです．三条市では江戸時代に創業した料亭が今でも営まれています．これは当時から活発な物流と人流があったことを裏づけるものです．

我が国において，連続堤防とダムの築造ができるようになり，はじめて全国で同様の規格の治水ができるようになりました．我が国は国土全体が水害の常襲地帯でしたが，国土全体で水害に襲われる頻度の大幅な引き下げに成功したのです．現在は数十年に一度ほどの稀な洪水でも被害が発生しないようになりました．このように人造の堤防を隈なく張りめぐらせられた国土は世界的にも珍しいです．今や我が国の国土は，堤防に安全を委ねているといえます．今後，洪水の発生頻度と規模は増大すると予測されています．そのためにますます堤防の安全管理と機能の維持が非常に重要となっています．

建設機械が堤防やダムの築造を可能とし，農地だけでなく市街地も含めた広域

の洪水対策が可能となりました．それ以前の部分的な治水とは対照的です．もはや明治以前の治水に学ぶべきことはないのでしょうか．私たちの先達は，科学技術や土木技術が限定された時代においてさえ，少ない土木工事により優れた効果を発揮するための治水技術をいくつも発明してきました．その最も典型的なものの一つは，霞堤です．霞堤とは，現在の途切れ目のない堤防とは異なり，堤防の一部分を上流方向に向けて開放した堤防を指します．霞堤によって，洪水を河道外へ一時的に滞留させ，霞堤よりも下流側の河川の水位を下げ，霞堤の下流側の市街地などの危険を大きく軽減できます．一時期は霞堤にあまり効果が期待されず，霞堤を閉鎖する動きがありました．しかし，最近はその効果が見直されてきています．

　もう一つは自然堤防の活用です．自然堤防とは，河川の両側に沿った周囲の地盤よりも数 m ほど小高くなった地形を指します．すぐに想像できることですが，過去からの洪水の繰り返しにより形成された地形です．例えば信濃川の下流域にその典型例を見ることができます．この流域では，近現代の治水が実施される以前の住宅地は自然堤防の上に位置していました．確かに数十年に一度ほどの稀な規模の大きな洪水が起きると，それらの住宅地は被害を受けてしまいます．しかし，頻繁に起きる中小規模の洪水においては住宅地は被害を免れることができます．ただし，信濃川の下流域においては，1950 年代以降，自然堤防よりも，標高が低い土地にも住宅地が広がるようになりました（図 3）．このような住宅地の拡大は，堤防の整備などの治水事業の効果の一つともいえますが，現時点の治水技術では水害を完全にゼロにできません．低平地に位置する住宅地では，万が一の場合に備えて，平常時からハザードマップで浸水の規模や避難経路を確認し，水害の危険性が高まっているときには，最新の安全情報の収集に努めなければなりません．

　現代は科学の時代といわれます．人類が高度な技術や文明をもつようになったのは縄文時代といわれていますが，誰もが科学技術の威力を実感するようになってからまだ日は浅く，蒸気や石油を駆動源とした産業革命から数えても 200 年足らずです．アイザック・ニュートンが一人で築き上げた「力学」という学問が現在の科学の基礎ですが，それ以前の時代における科学の知識は原初のものです[1, 2]．しかし，原初の科学が体系化される以前においても，洪水時の河川の振る舞いや水の流れを丹念に観察することで，優れた効果を発揮する治水技術を発

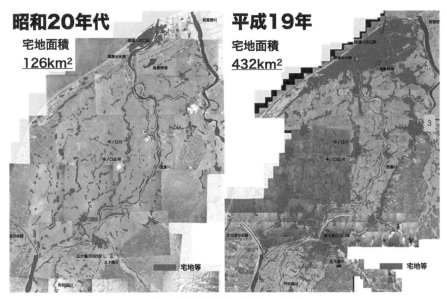

図3　信濃川下流域の住宅地の変遷[3)]
左：着色部が昭和 20 年代の住宅地．右：着色部が平成 19 年の住宅地．住宅地の面積はおよそ 70 年の間に 4 倍ほどに拡大）

明してきました．この時代は，まったくといってよいほど測定技術がなく，力学の理論も体系化されていない時代でした．その中で優れた治水技術を発明した先達には素晴らしいの一言しかありません．実は，現在においても，洪水の始まりから終わりまでの河川の挙動を詳しく観測する方法は非常に限定的です．古今東西人間は観測し，理解し，対策を実践する，の段階を踏むことで新しい技術を生み出してきました．もし洪水時の一連の挙動を観測して定量的に把握できるようになれば，近い将来まったく新しい発想の新技術を生み出せる可能性があります．また，現在よりも河川のことを詳しく理解できるようになれば，古来からの治水技術をより優れたものに発展させられるかもしれません．

◆ 2.4　人は水害を克服できるか？

21 世紀に入って，堤防の決壊を要因とした甚大な被害を伴う洪水が全国各地で頻発しています．また，21 世紀末までに大規模な洪水が発生する頻度は前世紀の 2 倍，規模は 1.2 倍ほどに増大すると予想されています．このような状況に

対応するため，従来の河川とダムで洪水を受け止める治水の方式は2021年に「流域治水」へと転換されました．流域治水とは，従来の堤防とダムでは収容できない洪水を流域全体で分散的かつ計画的に収容する治水の方法です．

　洪水時の人と社会の安全は，以下の2つの条件が同時に満足されたときにのみ確保できます．一つは洪水を十分に収容できる容器があるときです．もう一つはその容器が洪水の収容中に破損しないことです．1つ目の条件は，流域治水が社会に実装され，洪水を流域全体で薄く広く収容できるようになると，従来の治水による線上の洪水の収容と比べ，流域全体での洪水の収容量を数百倍から1000倍程度に増大でき，容易に満足できます．2つ目の条件は，河岸や堤防をコンクリートなどで被覆するか土質材料の工夫などにより洪水が流下しても壊れない河道をつくれれば満足できます．しかし，壊れにくい河道を築造する技術は現状では未確立です．その上，我が国の洪水対策が必要な河川の総延長は10万km以上に及びます．技術面，財政面，完成までの時間の面で，既存の技術体系の延長線上において洪水時に破損しない河道を望むことは難しいです．

　現在，流域治水の実現に向け，全国の河川において河道に隣接する遊水池の新設や水田貯留などの計画が立案されています．流域治水の真価は，河道の破損を回避したときのみ発揮されます．なぜなら，流域治水によって，洪水を流域全体で計画的かつ分散的に収容できたとしても，わずか1か所でも河道が想定外の破損を起こせば，人や社会に氾濫などの被害が及んでしまうからです．このためには洪水が流下しても破損しないもしくは破損しにくい河道を築造する技術が必要です．我が国の河川の両脇には堤防が設けられています．しかし，堤防は土構造物のために一定以上の含水比になると急激に強度を失います．現在，堤防を強化する研究開発が急ピッチで進められていますが，堤防の強化だけで壊れにくい河道の実現は難しいでしょう．流域治水に期待が集まる理由は，洪水を流域全体で計画的かつ分散的に収容できれば，河川の水位をできるだけ低く保つことができるようになり，堤防の宿命的な弱点を補えるようになるからです．流域治水に完全に移行しても今後も洪水時に一定量の流量が河道を流下することに変わりはありません．つまり，流域治水の真価を発揮させるためには，洪水が流下しても破損しにくい河道が不可欠なのです．普段と洪水時の河川の様子の最大の違いは，洪水時は流量が普段の数十倍から100倍ほどにもなることと，これをエネルギー源として容易に河道形状が変化することです．この変形を抑制するため，数トン

ものブロックなどが用いられますが、河道の変形を完全に防止することはできません。このために、洪水時の河道の制御技術の確立が待望されてきました。

筆者の研究グループでは、ブロックなどの重量物を用いずに、河道形状の工夫によって河道を壊さずに洪水を安全に流下させる方法を開発してきました。筆者らによる河道制御の方法は、河川が自然に形成した河道形状は洪水時にも比較的安定性に優れることに着目したものです。具体的には、河道改修の際に人間が河道形状を恣意的に設計する従来の方法とは対照的に、自然に形成された河道形状を設計に用いる方法です（図4）。いわば河川ごとの性質に基づくオーダーメイドの設計法といえるものです。現在までに、4つの実河川において、各河川で自然に形成された河道形状をそれらの河川の河道改修に適用しました。その結果、ブロックなどの重量物を用いず自然由来の河道形状のみで数年間にわたり複数回の洪水が流下したにもかかわらず河道形状の安定を維持できることを実証してきました。

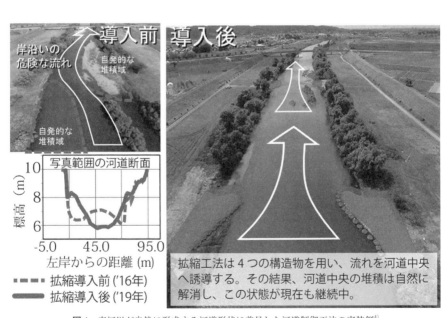

図4 実河川が自然に形成する河道形状に着目した河道制御工法の実装例[4]
阿賀野川の支川の早出川では2016年夏に本制御工法を現地施工し、洪水を河道断面の中央で流下させる効果が持続している。このほか、川幅が一定となる一般的な河道改修と異なり、川幅の増減に伴う水深と流速が生じるために多様な自然環境の回復も確認されている。

2024年現在，筆者が開発した河道の形状がなぜ洪水が流下しても壊れにくいかについての理由はよくわかっていません．洪水時に河川がどのような振る舞いをするかが解明されていないことと関係しています．洪水時の河川の挙動の解明ができない最大の理由は，洪水の開始から終了までの河川の水の動きと河道自体の変形を測定する方法が確立されていないからです．筆者の研究グループでは，平成23年7月新潟・福島豪雨をきっかけとして，洪水中の河川の挙動をきめ細やかに測定する方法の開発[5]をはじめ，最近までにこれを確立しつつあります．洪水時に河川がどのような振る舞いをするかを測定によって定量的に把握することで，洪水が流下したときに河道が大規模に損壊する要因を世界ではじめて発見しました（物理学者のアインシュタインも挑戦しましたが，解決できなかった問題です[6]）．この研究成果に基づき，まもなく筆者が河道改修に用いている自然に形成された河道形状が安定性に優れる理由もはっきり説明できるようになるでしょう．筆者は，筆者らの最近の研究成果が，流域治水の真価を発揮させる中核技術になると考えています．これまで，人と自然災害は共存するものと考えてきましたが，もしかすると，自然災害のうち洪水の被害から人と社会は解放されるかもしれません．科学技術の発展が「水害の克服」を実現する日が迫っているのです．

筆者の研究グループでは，上記のほかに，これまでの洪水の終息を待つ以外に手立てがなかった受動的な治水の常識に対し，能動的に洪水を制御する方法を開発する非常に挑戦的な研究も行っています．現在は，データを駆動源とした人類にとって4つ目の産業革命の萌芽期といわれています．この中で注目される技術の一つがCyber Physical System（CPS）です．CPSとは，まず制御の対象とする事物について従来とは一線を画した規模での細密なセンシングを行い，そのビッグデータを計算空間に転送して未来を推定し，さらにその推定結果に基づきアクチュエーターを用いて物理空間を制御するという循環的なシステムです．これまでに，実験水路において概念実証を行い，国際電子情報通信学会（IEEE）などで発表するまでの成果を得ています．実河川への適用までには越えるべき壁はまだたくさんあります．しかし，産業革命を味方につけられるに越したことはありません．産業革命とは，従来と目的を同じとしたまま，技術変革により手段の転換や置換により，飛躍的に生産性を向上させるもので，従来の課題を容易に解決できる好機だからです．

今世紀になり，水害の頻発，各地での気温の上昇傾向の観測事実に基づき，気候変動の進行が世界的な共通認識になりつつあります．我が国において本格的な気象観測が始まったのは人口が多かった都市部において19世紀後半からです．およそ140年分の気温のデータ（図5）を見ると，当時から現在にかけて気温は上昇傾向にあることを確認できます．降水量は，気温の変化量に比べると，変化の規模は小さく見えます．これらを詳しく見ると，気温は1960年頃から上昇傾向になっているように見えます．降水量は気温と同調した動きに見えます．しかし，降水量は急増しているわけでもなく，観測期間全体の中で見ると大きな増加率とはなっていないように見えます．IPCCなどによる気候の将来予測においても気温と降水量の増加傾向は指摘されています．しかし，降水量が急増する可能性への言及はありません．このように，過去と未来の両方を見渡すと，我が国において，今後何をすべきかがはっきりしてくるでしょう．それは，2021年に始まった流域治水を梃子として，人と社会が洪水から受ける被害をゼロとする治水計画の立案とそれを社会に早期に実装することでしょう．なぜなら，山地部と海岸線が比較的近い国土の構造は今後も変わらず，このために河道の埋没傾向は続き，降水現象も過去と未来とで急変することは考えにくく，加えて堤防が水を含めば

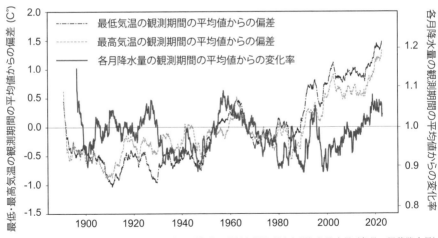

図5　1880～2020年の気象庁が観測した気温（各月の最低気温と最高気温）と降水量（各月の累積降水量）の推移（気象庁のデータ[7]から作成）
本図で対象としたのは気象庁が都市化の影響が少ないという石巻，銚子，飯田，浜田，彦根，伏木，多度津，宮崎．

弱くなる土構造物であることも変えようがないため，洪水を河道と流域とで賢く分担することが我が国における治水の模範回答となるからです.

　流域治水を成功させるためには我が国のすべての人が力を合わせる必要があります．従来の治水と異なり，文字通り，流域全体での治水となるからです．そこでまずすべての人々が心がけるべきことは，「気象」と「気候」の違いを正しく理解することです．私たちのすべての場面における認識や意思決定は，日常の生活において知らず知らずのうちに外部から強い影響を受けています．本章に関係することでいえば，明日にでもかつてなかったような水害が起きるかもしれないという恐れの認識は，各地での稀な気象現象の報道などから影響を受けて生じたものである可能性が高いです．未来のための正しい意思決定は，気象ではなく気候に基づくべきです．なぜなら，気象は日々流転するものですが，過去の1000年から数千年ほどの気候の長期的な記録を見ると，それが明らかに変化するためには少なくとも200年ほど要していたことがはっきり記録されているからです．加えて，最近30年ほどの降水量は急増しているわけでもなく，観測期間全体の中で見ると大きく増加しているわけでもない観測事実に注意を払うべきでしょう．流域治水はそこにくらすすべての人々に関わる重要な事柄です．この先，流域治水にまつわる意思決定が多くの人に求められる場面が増えるでしょう．そのときに，すべての人が万が一の水害を自分事として捉え，正しい知識と認識に基づき，誰かの受け売りではなく自分の頭で冷静かつ賢明な判断をできれば，自分たちと子孫たちの繁栄が約束された流域治水を実現させられるでしょう．

　最新の科学技術は，活用次第では人類に素晴らしい果実をもたらしてくれます．これを用いて河川と気候や気象の仕組みの理解を深め，それに基づき社会全体が今後の治水計画のための冷静な意思決定をできれば，人類が水害を克服することは夢ではありません.

◆2.5　誰がどのようにこれからの治水を担うべき？

　最後に，流域治水を実現する担い手の話をして本章を閉じましょう．実際に各流域ごとの流域治水の計画やその建設工事を担うのは実務技術者たちです．また，流域治水は過去に前例のない治水の概念のため，今後，新たな技術開発がいくつも必要となります．これを担うのは研究機関の研究者たちです．ほとんどすべての実務技術者はどこかの大学の工学部で土木工学を修めています．20年ほど前

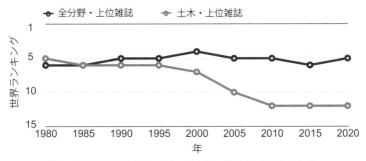

図6 1980〜2020 年までの日本の論文数の推移（文献 8 から作成）

から建設関連業界においては担い手の確保に苦心するようになりました．これは
担い手の「量的な問題」といえます．

　筆者は，担い手の量的な問題の解決の糸口を探るため，我が国の土木工学の研
究力を調べ，大変驚く事実に遭遇しました．我が国の土木工学の研究力は，ここ
20 年ほど世界ランキングの 13 位であることがわかったのです（図6）．世界に
は 200 近い独立国がありますが，この 40 年ほどの間に科学技術の研究力を向上
させてきたのはわずか 16 か国しかなかったことも同時にわかりました．つまり，
我が国の土木工学の 13 位という研究力のランキングは事実上の最下位グループ
に位置しているのです．この状況が始まったのは 20 年ほど前からですから，ま
もなく以前からの量的な問題に加え，新たに「質的な問題」も同時に表面化して
くるでしょう．流域治水にとって何が質的な問題かというと，流域治水の実現に
あたり必要となる新技術を国内で開発できなくなる可能性が高いことです．加え
て，土木工学やインフラは国防と同様に自国の安全保障そのものであるため，国
産技術を基本とするべきです．自国で研究開発が難しい未来とならないように最
善の努力を払う必要があります．

　今後の技術開発はもはや力学を基軸とした従来の土木工学だけでは解決できな
いものが多いです．この解決には，情報分野，電気電子分野との緊密な連携が必
要です．また，物理学の分野でも，土木工学のかねてからの問題解決の手法とな
るイメージングの手法や，新しいセンシングの基盤となる物理現象の研究がどん
どん進んでいます．具体的には，宇宙線ミュオンや，テラギガヘルツ帯の電波な
どです．異分野融合型の研究体制により難題を突破しやすくなることは随分と社
会に浸透してきました．しかし，まだまだ異分野融合型の研究体制は一般的では

ありません．治水の問題は，異分野融合研究の最適な研究対象となるのです．しかも，技術的な境遇としても，データを駆動源とした産業革命が始まり，新たな手段を導入する機会は今後ますます増えるでしょう．到来しつつあるデータの産業革命はどの分野やどの国にとっても未経験なものなので，1日も早く行動を開始しさえすれば劣勢からの回復だけではなく，1980年代までのような世界の先導役を再び担える可能性があります．

現役の学生や20代の若手技術者が「おもしろ！」と感じるのは，まだ答えが見つかっていない新しい問題に挑戦するときです．現状を見誤まり，無理に従来の方法や考えを突き通してしまえば，もはや我が国の土木工学をはじめとする学問の研究力の回復と，それを原動力とした国力の回復は難しいでしょう．しかし，現在解決が待望されている治水の問題は，若手世代が内発的な動機としておもしろさを感じるものが多くあります．熟練の技術者や研究者は，若手世代の内なる情熱により問題の解決ができるような実務や研究の環境を提供できるように努めれば，若手世代の努力により優れた成果が得られるでしょう．治水の問題の解決は，治水自体だけでなく，我が国の国力の回復のきっかけにもなるものなのです．

文　献

1)　ワインバーグ，スティーヴン著，大栗博司解説，赤根洋子訳：科学の発見，文藝春秋，2016.
2)　グリック，ジェイムズ著，大貫昌子訳：ニュートンの海，NHK出版，2005.
3)　上石洋輔・安田浩保：低平地における水害危険区域の設定による被害軽減方策に関する研究．実践政策学：Policy and Practice Studies，4(2)：235-242，2018.
4)　梅木康太朗ほか：早出川における拡縮流路が有する治水機能と環境機能の実証．河川技術論文集，27：141-146，2021.
5)　Moteki, D. *et al.*：Capture method for digital twin of formation processes of sand bars. *Phys. Fluids*, **34**, 034117, 2022.
6)　Seki, S. *et al.*：Novel hypothesis on the occurrence of sandbars. *Phys. Fluids*, **35**(10)：106611, 2023. doi.org/10.1063/5.0171731
7)　気象庁：過去の気象データ・ダウンロード．https://www.data.jma.go.jp/risk/obsdl/index.php（2023-10-11閲覧）
8)　Journal Citation Reports. http://jcr.clarivate.com/（2023-10-11閲覧）

3 心地よい河川空間を実現する市民参加の 川づくりとは？

〔坂本貴啓〕

　私たちのくらしの身近なところに川は流れています．国土のあらゆるところを流れる川は小さいものから大きなものまで毛細血管のように流れています．生活に身近にある川は，物理的に流れるはたらきだけでなく，癒し，学び，生物との触れ合い，遊び，健康増進，恵の享受，集いなどさまざまな機能をもち，その場にいるだけで心地よさを提供してくれます．ところが，ライフスタイルの変化とともに現代の私たちは，川に触れる機会は少なくなり，身近に川を感じにくくなってしまっています．どうやったら生活の中に心地よい川の空間を取り戻すことができるでしょうか？ヒントの一つは「市民が参加する川づくり」にあります．本章では，心地よい河川空間を実現する市民参加の川づくりについて考えていきます．

◆ 3.1　川とはどのようなものか？

　あらためて，「川（河川）」とはどのようなものと定義できるでしょうか？　阪口ら[1]は「自然の中で，古くから人間の手が加えられてきた点で極めて特異な自然である」と自然物と人工物の特徴を複合したものとし，高橋ら[2]は「地表面に落下した雨や雪などの天水が集まり海や湖などに注ぐ流れの筋（水路）などと，その流水とを含めた総称である」と物理現象について特徴を述べ，大熊ら[3]は「地球における物質循環の重要な担い手であるとともに，人にとって身近な自然で，恵みと災害という矛盾のなかに，ゆっくりと時間をかけて，人の"からだ"と"こころ"をつくり，地域文化を育んできた存在である」と人にとっての心のありようを述べています．

　また，これらの川は河川管理者と呼ばれる行政によって水系ごとに管理がなされています．国管理の一級水系，都道府県管理の二級水系，市町村管理の準用河川（単独水系）およびどれにも属さない普通河川に管理主体が分類されます（表1）．このうち一級水系，二級水系，準用河川（単独水系）は「河川法」という法律の適用を受ける河川です．一級水系は109水系，二級水系は2711水系，準用河川（単独水系）は1507水系の指定となっています．これらの河川の総延長距

表1 日本の河川法適用河川の水系数[1]

水系区分	一級水系	二級水系	準用河川（単独水系）
管理主体	国	都道府県	市町村
水系数	109	2711	1507
河川数	14048	7078	1700
流路延長（km）	88068	35858	1988
流域面積（km^2）	240727	106990	1305

離は12万5914kmで地球の赤道約3周分に相当し，国土の中に川が身近にある
ことを実感できます．

◆3.2 災害に強い川を目指しすぎた川のすがたは？

　図1左の川を見てどう思いますか？　何か違和感がありませんか？　川であり
ながら，水，土，緑を確認することができません．コンクリートで固められ，河
床にはふとんかごが敷かれ，水は普段はその下を流れ，生き物が寄りつける余地
がありません．これは東北地方の某河川で，東日本大震災の津波の後に改修され
た川です．もともとは図1右の川のように，田園風景の中でよく見る小さな川で
した．津波後，海岸堤防と同じくらい高い堤防と強度を求めた結果このような川
ができあがってしまいました．近くの住民にこの川についての話を聞くと「安全
になったのかもしれないけれど，海が見えなくなってしまい逆に怖い」という意
見もありました．もう二度と同じ被害を繰り返したくないという決意の現れとも
いえるかもしれませんが，1000年に一度来るかもしれない災害に備えて，日常
の川のすがたが大きく変わってしまうという点ではリスクをどう考えるかジレン
マがあります．

図1　左：東日本大震災後に改修された河川，右：未改修部分の河川

◆ 3.3 治水と河川環境整備・保全の両立を目指す多自然川づくり

治水を優先すると，河川環境の整備と保全（以降，環境）は諦めないといけないのでしょうか？　治水と環境は対立する概念ではなく，両立する概念として捉える川づくりのことを「多自然川づくり」といいます．1970年代にスイスやドイツで誕生した川づくりの概念を1990年代に日本にも導入した「多自然型川づくり」（1990年～）に始まり，進化しながら「多自然川づくり」（2006年～）河川事業の一つの理念・工法として展開されてきました．多自然川づくりの定義について指針（図2）では「河川全体の自然の営みを視野に入れ，地域の暮らしや歴史・文化との調和にも配慮し，河川が本来有している生物の生息・生育・繁殖環境及び多様な河川景観を保全・創出するために，河川管理を行うこと」と記しています．すなわち，侵食・堆積・運搬といった河川全体の自然の営みを視野に入れる「自然環境」，地域のくらしや歴史・文化との調和にも配慮した「生活環境」と2つの環境を視野に入れ，川づくりの方針を謳っています．この多自然川づくりの適用範囲は「『多自然川づくり』はすべての川づくりの基本であり，すべての一級河川，二級河川及び準用河川における調査，計画，設計，施工，維持管理等の河川管理におけるすべての行為が対象となること」とされており，河川

河川全体の自然の営みを視野に入れ，地域の暮らしや歴史・文化との調和にも配慮し，河川が本来有している生物の生息・生育・繁殖環境及び多様な河川景観を保全・創出するために，河川管理を行うこと．

侵食・堆積・運搬といった河川全体の自然の営みを視野に入れる	地域の暮らしや歴史・文化との調和にも配慮

自然環境	生活環境

2　適用範囲

「多自然川づくり」はすべての川づくりの基本であり，すべての一級河川，二級河川及び準用河川における調査，計画，設計，施工，維持管理等の河川管理におけるすべての行為が対象となること．

3　実施の基本

○可能な限り自然の特性やメカニズムを活用
○河川全体の自然の営みを視野に入れた川づくり
○生物の生息・生育・繁殖環境の保全・創出は勿論，地域の暮らしや歴史・文化と結びついた川づくり
○調査，計画，設計，施工，維持管理等の河川管理全般を視野に入れた川づくり

図2　多自然川づくり基本指針[5]

改修の際に治水・環境のバランスをとった川づくりを例外なく求められています．具体的にはどんな川づくりの工法・留意を求められているのでしょうか？例をあげると，①河川を直線化しすぎるショートカットを避ける，②河川の横断構造物の採用は極力避ける，③川幅をできるだけ広く確保する，④護岸は背後地の特性などを踏まえて最小限の設置とする，⑤河川の合流部は水面や河床の連続性を確保する，⑥山付き部（河川の山に隣接する部分）や河畔林が連続する区間の良好な自然環境を保全する，⑦人工物の設置は地域の歴史文化・周辺景観との調和に配慮する，⑧瀬と淵，ワンド（河川とつながっている池状の入江），河畔林はできるだけ保全するなどが示されています．これらの点に留意しながら，治水と環境を両立してきた川は各地にありますが，ほとんどの川では課題が多いのが実情です．

◆ 3.4 市民参加の川づくりとは？

a. 市民による川づくり計画の提案（夢プラン方式）

川づくり（河川改修工事）は一般的に行政（河川管理者）が計画・設計・施工・管理に関する事業を主導して行います．その際に，現在の改修工事は市民の意見を聞きながら進めることが必要とされています（河川法第16条-2）．明治に制定された河川管理について定めた法律「河川法」は，水害防止の治水が法律の目的

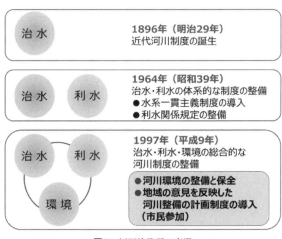

図3　河川法改正の変遷

となっていました．その後，昭和には水資源の利用を高度に管理するための利水も法目的となり，治水・利水を兼ね備えた法律へと改められました．その後，河川環境の悪化に対する市民の環境運動への関心の高まりにより1997年の河川法改正（図3）では「河川環境の保全と整備」が追加されました．環境を主たる目的の一つとしつつ併せて改正された内容が「地域の意見を反映した河川整備の計画導入」で，市民参加の素地ができました．これにより，行政は市民参加の川づくりを推進しつつ，地域と河川改修の方針について合意形成を図りながら進めていくことになります．市民が川づくりに参加すると，地域の事情に合わせた河川空間に近づくことができ，満足感ある河川利用を推進できます．また施工後の河川に対して市民の愛着が増し，利用の推進や維持管理を一部担うなど河川管理に関する連携が可能になります．

　市民参加の川づくりの事例を紹介します．福岡県直方（のおがた）市を流れる遠賀川（おんががわ）は，2005年の整備前は，平坦な河川敷に護岸が水際まで入った，いわゆる定規断面

図4　遠賀川直方の水辺整備前後[6]

といわれる川でした（図4上）．その後，護岸を撤去し，河川敷からなだらかに水際までつながる緩傾斜の断面を設計しました（「直方の水辺」と命名されました；図4下）．これにより，多くの市民が河川敷に集うようになり，さまざまな世代が水辺に訪れ，多様な利用がなされるようになりました．

　なぜこのような快適な水辺空間が実現できたのでしょうか？　それは市民の川づくりに対する夢の提案があったからです．遠賀川では，直方川づくり交流会という市民団体が1996（平成8）年から始め，「50年後の遠賀川夢プラン」をテーマに活動しました．

　この夢プランの特徴は「誰が，いつまでには決めずにイメージを議論，共有，公開，修正できる」点にあり，50年後という少し先の未来を創造することで，あえてあいまいさを残し，行政も市民の提案を陳情とは違う形で受け止められ，一緒に議論しやすくなりました．

　この夢プランを見ると，建設省と併設した水族館や温泉施設，導流堤に小川，子どもが川の中で遊べるような水辺が描かれています（図5）．これを，国土交

図5　市民が提案した遠賀川夢プラン（提供：直方川づくり交流会）

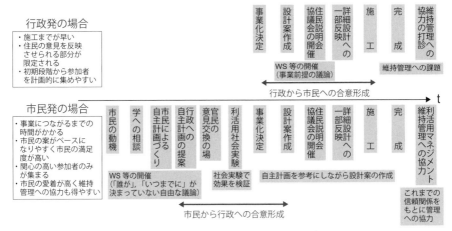

図6 行政発の計画と市民発の計画の違い[8]

通省（当時：建設省）の河川事務所長，県の土木事務所長，市長などに対して，市民が夢であると前提にした上で，提案式を行いました．提案式から数年経ち，少し形を変えながら実現したものもあります．建設省と併設した水族館は，「遠賀川水辺館」という愛称で，地域防災拠点が実現しました．導流堤の子どもが遊べる小川は，「春の小川」という名の水質浄化実験河川・ビオトープとして実現しました．子どもが近づける水辺も前述の「直方の水辺」として整備されました．これらは，市民による「遠賀川夢プラン」の提案の一つが結果的に実現した一例です．行政も「こう考えたら実現に近づけられるのではないか」と解釈を整理したり，予算が臨時的についた際などに提案の内容の一部を改修計画に盛り込んだりしながら，実現を図った事例です．

　今回紹介したような市民発の計画と，通常時の行政発の計画ではどのように計画の進め方に差があるのでしょうか（図6）？　行政発の場合は①施工までが早い，②住民の意見を反映させられる部分が限定的，③参加者は委員会などの形式で固定的などの特徴があります．これは事業期間が決まっていることにも関係しています．それに対し，市民発の場合は①事業につながるまでは時間がかかる，②市民案がベースになりやすく満足度が高い，③維持管理への協力も得やすいことなどが特徴です．これらは事業化するまでのたくさんの過程を経ることで，行政との信頼関係が醸成されていくことが報告されています[7]．夢プランにより自

主計画をつくり，遠賀川のように提案からわずか3〜4年で事業化したものもあります．また施工から10年経過しても利活用の頻度が高く，維持管理も官民協働で行われ，市・民の満足度が高くなることもあります．行政による事業化は新しい施策との連動や災害時の緊急的な改修など突発的に計画される場合もあります．そのため，日常的に地域で共有する市民による自主計画をもっておくことで，突発的かつ短期間で実施される事業化にも備えることができます．このような地域の事情に合った質の高い川づくりを実現するプロセスこそが「市民参加の川づくり」といえそうです．

b. 市民による河川管理への貢献

市民参加の川づくりでは，市民団体が活躍することが多くあります．今日の河川管理はインフラへの投資の需要が縮小する時期にあり，河川行政に課せられる制約（予算・人員面）は大きく，河川管理の質を確保するためには地域との協働が不可欠となってきています．今日，河川に関する市民団体は増加傾向にあり，市民団体が行う活動そのものが公益に資する活動とされています．社会変化に伴う余暇時間の増加により，人数と時間を投資して活動するようになってきており，これらは人的・時間的にも相当量の潜在性を秘めていると試算され，河川管理者が行う河川管理の負担を軽減し，河川管理を補強する存在としての役割が期待されています．

市民団体による河川活動はさまざまです．活動をこれまでの研究に基づき分類すると，①水環境保全，②調査，③河川施設運営，④河川体験活動，⑤啓発活動，⑥まちづくり，⑦交流活動，⑧会議となりました（図7）．これらの活動はそれぞれが多自然川づくりにおいても重要な貢献をしています．例えば，多自然川づくりにおいて重要な役割を分けると（1）計画策定，（2）現場施工，（3）利活用推進，（4）モニタリング，（5）維持管理などに分けられ，これらは行政が多自然川づくりを行う際に意識するポイントです．市民団体の活動はこれらのポイントを必ずしも意識したものではありませんが，結果として多自然川づくりと関連しながら貢献してきました（図8）．

市民団体はどの程度，河川管理に貢献しているのでしょうか？　ここでは，河川市民団体の活動を「活動量」として人数と時間の積算で量を指標化し[10]，活動量を単位にさまざまな公益価値に換算すると下記のようなことが明らかになりました．

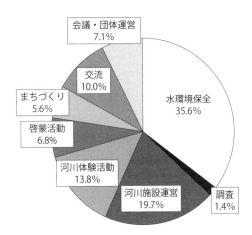

図7 市民団体の活動量の分類[9]（筆者調査対象の 207 団体より試算）

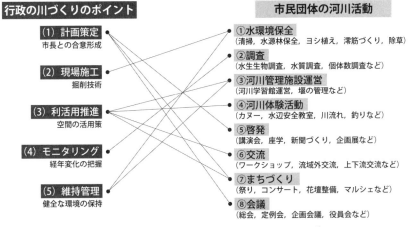

図8 行政の川づくりのポイントと市民団体の河川活動[9]

①市民が河川で行う活動量の総量は国民 1 人あたり年 2 時間の活動する量に相当.

②市民団体の活動量は，河川管理者の活動量に対し 1 割程度.

③市民活動を金銭換算すると 6500 万円に相当し，河川管理者のソフト事業費 13％に相当.

上記数値は筆者の調査のデータ内で，最低限これだけは価値を算出できるという

数値であるため，実際の潜在的価値はこれ以上であると推定できます．このように，市民の河川活動は河川管理を補強する主体としても重要な価値を有しています．

◆ 3.5　人口減少社会における地方小河川の河川管理の実態

　市民の力によって支えられている象徴の一つが地方の小河川，いわゆる「いなかの川」です．地方では自治会などの組織がしっかりしていて，川の草刈りや清掃は地元で行われていて，河川維持管理の機能の一部を担っているともいえます（図9）．しかし，最近では地方の過疎地域では少子高齢化に伴う人口減少が顕著に見られ，地元主導に支えられていた草刈りなどの河川管理への協力が得にくくなってきました．

　地方小河川の河川管理は現在どのような実態なのでしょうか？　ある地方の自治体の河川管理者に話を聞くと，①役場の河川担当は1名，②河川管理（除草，点検，環境創出）したくても金銭的・人的に不足している，③河川管理の計画をつくらなければならない川は多くあるが策定済みは2割以下，④市町村では管理できず，都道府県に管理移管，⑤市町村合併を機に，河川法適用範囲内だった河川を法定外河川に格下げし，河川台帳から除外するなど，さまざまな問題が起きています．また河川法の目的（治水・利水・環境）に照らし合わせてみると，河川法の求める河川管理の水準に対し，自治体管理の河川が要求されている水準を達成できていない（管理計画未策定，維持管理の不十分さによる）ものもあり，

図9　住民による河川除草の維持管理

図10　河川法の求める水準と自治体管理の実態

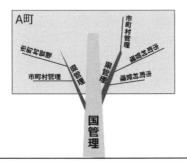

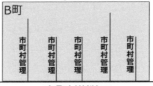

図11　市町村管理河川のタイプ[11]

法のジレンマを抱えている例も見受けられます（図10）．

　地方小河川を分類すると，まず，大きく2パターンに分けられます（図11）．1つ目は，「付属型」と呼ばれるもので，市町村管理河川が一級水系（国管理），二級水系（都道府県管理）に付属する場合です．海のない自治体の河川がこれに該当します．2つ目が「単独型」と呼ばれるもので，市町村単独で水系を多く抱える場合で，海に面する海岸線の長い市町村がこれに該当します．水系ごとに河川管理の計画をつくらなければならないという点では，単独型のほうが管理の負担が大きいともいえます．

　1つの自治体がどの程度，水系数を抱えているのか，都道府県別に比較をして

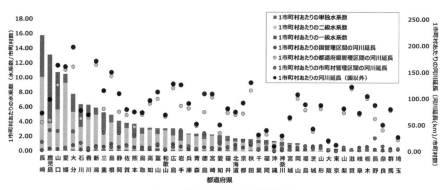

図12 都道府県別河川管理延長[11]

みました（図12）．1市町村あたりの抱える水系数が最も多いのが長崎県（16水系/市町村数）で，次いで鹿児島県，山口県，愛媛県となります．これらの市町村は海岸線が長いのが特徴で，逆に山梨県，滋賀県，岐阜県，栃木県，長野県，奈良県，群馬県，埼玉県は1市町村あたりの抱える水系数は1水系以下になっています．これらは海のない都道府県で，どこかの水系に包括される市町村であるためです．土地の性質ごとに自治体の河川管理の負担を考えることが重要で，それに応じて地方の河川管理の水準維持の方法を検討していく必要があります．

◆ 3.6　上下流交流を通じた流域治水の合意形成

市民が川づくりに参加することが増えてきた昨今ですが，多様な意見の集約に合意形成が重要になってきました．また，ある地先だけでなく，流域全体を視野に入れた川づくりを実現するには，上流-下流，支川-本川と利害を調整する広域を視野に入れた合意形成が重要になってきます．例えば，近年，想定を超えた量の雨が流域に降り，水害の激甚化が顕著になってきました．いくら川の中を改修しても川で受け持てる雨量は限られており，流域の各所で水を少しずつ溜めこみ，ゆっくり川に流出させ，水が一気に川に集中することを防ぐ必要があります．こういう例においても，上下流相互の利益・リスクの配分を議論していく必要があります．

このように広域的かつ多くの人と合意を形成していくためには市民はどんなことができるでしょうか．一つの視点として，「流域連携」に関する取組みを進め

ていくことが重要です．手取川流域の8割を占める白山市は，白山・手取川・海までの水の旅をテーマとした「白山手取川ジオパーク」になっています．ジオパークとは，地球の活動がよくわかる地質や地形などの遺産のことです．ジオパーク認定後は保護・保全・活用，教育や科学の普及，地域振興等を重視し，これから地域でさまざまな主体と連携しながら活動を進めていく必要があります．

2023年5月24日にユネスコの認定を受け，世界を代表する「ユネスコ世界ジオパーク」に認定されました．流域全体をテーマとしたジオパークはほとんどなく，世界の水教育の場としての活用が期待されています．ユネスコ世界ジオパークになったことを白山市民全体で祝おうと企画されたのが「白山手取川ジオパーク水リレー」（図13）でした．白山手取川ジオパークの「水の旅」を人が体現し，白山の雪解け水をトーチに入れ，上流-中流-下流と多くの人々の協力を得ながら，

図13 白山から海までの白山手取川ジオパーク水リレー
上下流の市民が70 kmをリレーして白山の雪解け水を運ぶ．

約70kmをバトンしていき,海まで水を届ける取組みです.今回の水リレーでは,白山市の旧市町村1市2町5村の区域からそれぞれ市民が参加し,年齢層も子どもから高齢者と多様な人々が参加しました.水のトーチを運ぶということを通じて,流域各所に水を運ぶ協力を相談していくプロセスは,まさに流域治水の合意形成の素地であり,手取川流域の市民参加の可能性を示したともいえます.

文　献

1) 阪口豊ほか:新版 日本の自然 3 日本の川,岩波書店,1986.
2) 高橋裕:河川工学,東京大学出版会,1990.
3) 大熊孝:洪水と治水の河川史,平凡社,1998.
4) 国土交通省水管理・国土保全局:河川データブック,2022.
5) 国土交通省河川局河川環境課:「多自然川づくり基本指針」の策定について.
6) 東京建設コンサルタント:技術トピックス 土木学会デザイン賞2009 最優秀賞受賞. https://www.tokencon.co.jp/company/topics/2010/akg7b20000001wgt.html(2023-10-11 閲覧)
7) 林博徳:住民参加の川づくりにおける合意形成手法に関する経験的考察.河川技術論文集, **17**:535-538,2011.
8) 坂本貴啓ほか:市民による水辺空間の自主計画における関係主体間連携の発展過程の分析,第62回土木計画学研究発表会・講演,2020.
9) 坂本貴啓:市民団体の河川活動による多自然川づくりへの貢献.機関誌河川,**892**:41-45,2020.
10) Sakamoto, T. *et al.*:Nationwide investigation of citizen-based river groups in Japan: their potential for sustainable river management. *Int. J. River Basin Manag.*, **16**(2):203-217, 2017.
11) 坂本貴啓ほか:地方小河川の河川管理の現状分析.土木学会論文集B1(水工学),**76**(2):691-696,2020.

4　地域力を高めるブランディングとは？

〔長尾雅信〕

　自然災害にはハードな備えだけでなく，ソフトな備えも欠かせません．その礎が地域力です．地域力とは，生活者や企業といったアクターが地域社会の問題を認識し，協働してその解決や地域の価値の向上にかける力といわれています．そこで重要なのは，各アクターが地域に愛着をもち，日頃から他者に関心を向けていることです．このことは，地域の持続的発展や災害の備えにもつながります．経営学で磨かれてきたブランディングの考え方や手法は，地域力をも高める処方箋の一つとみなされています．特に地域空間に関するブランディングは「プレイス・ブランディング」と呼ばれ，全世界各地で用いられています．本章ではプレイス・ブランディングについて学びながら，地域の愛着や人々のつながりを育む手法，ひいては自然災害への対応について考えていきましょう．

◆ 4.1　地域力を考える

　「日本において力のある地域とはどこか」と問われれば，多くの人は東京と答えるでしょう．日本の首都であり経済，文化の中心地である東京．コロナ禍でいったんは人の流れが収まったものの，至るところで居住地，商業施設，娯楽施設が整備・建設され衰えを知りません．一方で気になることもあります．もし大規模災害に直面したら，東京はその地域力を十分に発揮できるでしょうか．

　図1は首都圏居住者が2020年に抱いていた東京の連想イメージです．華々しさは影を潜め，過密による居心地の悪さ，他者への無関心，せわしなさが目立ちます．都会は田舎に比べて余計なしがらみもなく，個人のプライバシーも比較的確保しながら自由を謳歌できます．その一方で，社会的なつながり，近隣の人々との信頼関係の希薄さは，災害時のリスク要因となるでしょう．この調査はコロナ禍に行われたため，不安定な世情も影響していると思われます．ただ，それ以前から東京に抱いていた人々の不安や不満が，パンデミックを機に表出したともいえるのではないでしょうか．

　災害時において日頃の他者への関心，関わりが人々の命を救うことがありま

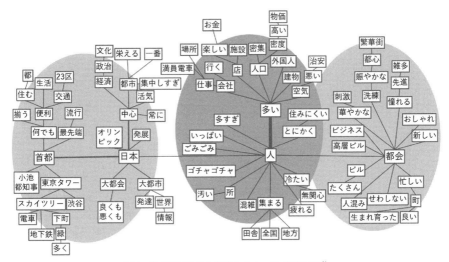

図1 首都圏居住者の東京のイメージ（2020年）[1]

　す．「あの家には足の不自由なおじいちゃんが住んでいる」，「お隣りの妊婦さん，だんだんお腹も大きくなって歩くのも辛そう…」．私たちは，これまで多くの被災地から災害弱者となりうる人たちが救われる報告を聞いています．このような人々の信頼関係や人間関係をソーシャル・キャピタルといいます．社会の効率性を高めるものとして受け止められており[2]，災害分野においても災害の備えとの関係[3]，災害対応との関係[4,5]，復興との関係[6,7]など一連のプロセスで効果があると考えられ，特に地方で顕著に見受けられます．ソーシャル・キャピタルは災害に向けた地域力を発揮しうるものと，感覚的にも理論的にも捉えられています．

　一方で，日本各地で著しく人口が減少し，山林や土地の管理がなされなくなり，今まで人々が手を入れてきた山林が荒れています．これによって土壌の浸食や崩壊，水源の涵養の不全など自然災害の被害の拡大が懸念されています．日本全体で人口縮減に向かう今，往時のような状況に至るのは難しいかもしれません．しかし，地域の魅力を掘り起こし，地域内外の人々や組織に地域への関心や愛着を喚起するような展開も各地で見受けられます．

◆ 4.2 地域空間をブランディングする

a. 人間を起点とした地域づくり

そこで援用されているのが，地域空間のブランディングを目指すプレイス・ブランディングです．プレイス・ブランディングとは，「当該地域の経済的・社会的・政治的・文化的発展を支援する活動」[8]，「場所の意味を共につくる活動」[9] などと捉えられています．

地域ブランディングでなく，あえてプレイス・ブランディングといわれているのには理由があります．地域というと行政区のイメージが強く染みついています．一方でプレイスは「人間の関わりを通じて，個人や特定の人間集団にとって特別な意味を帯びた空間」という意味をもちます．例えば，海岸の浜辺．家族と海水浴に行ったりバーベキューをしたり，あるいは夕暮れどきに友人と語らったり…そういった経験を経ると，人々にとって空間はプレイスへと変容していきます．

そのため，プレイス・ブランディングの単位は多様です．市町村にとどまらず，より広い区域（例えば，瀬戸内海や越後妻有など），さらには通りや地区など小さな単位であったりします．それらは歴史や文化に基づいていたり，人々が知覚した場所，紡ぎ上げた物語を背景にした場所であったりします．制度としての地域でなく，人間を起点とした場所がプレイスなのです．

b. 特異な関係性をつくる

プレイス・ブランディングについて見ていく前に，ブランディングについて簡単に解説しましょう．ブランドとは商品が目指すべき状態であり，市場が求めている結果や価値と商品が結びつき，特異な関係性ができていることを指します[10]．商品における特異な関係性とは，商品の常用，ほかの商品よりも多額のお金を払ってもよいという価格プレミアム，愛着の保持，他者への推奨などがあげられます．

それでは地域における特異な関係性とは何でしょうか？　心理的側面でいえば，地域への愛着（プレイス・アタッチメント），行動的側面でいえば，観光や地域の人と交流するための頻繁な訪問，定住が対象になるでしょう．昨今注目される関係人口の切り口でいえば，地域産品の購入，自治体等への寄附といった応援行動も対象にあげられるでしょう．このように地域との関係性は多様であり，先行研究[11,12] ではより精緻な検討がなされています．先の定義と合わせて考えれば，プレイス・ブランディングとは「特異な関係性をつくり上げ，促進するために，

当該地域に関わる各アクターがともに場所の意味をつくる活動」となるでしょう.

c. さまざまなアクターが交り合うプレイス・ブランディング・サイクル

図2はその活動のサイクルが示されています. LOCATION（立地）では, ブランディングの対象となる物理的空間が選ばれます. 先ほど述べたように, その対象は行政単位にとどまりません. それを裏打ちするのがSENSE OF PLACE（センス・オブ・プレイス；以降, SOP）です. SOPは「人間一人ひとりがもつ場所の感覚」と定義されています. ただしそれは, 人々の会話やメディアを通じて共有されうるものです. そのためSOPは個人的でもあり, 社会的でもあると考えられています.

次に交わりの舞台です. ながらく地域活性化といえば行政の役割と捉えられてきました. しかし行政は平等原則が足枷となり, 差異を生み出す発想力や行動力を十分に発揮できないケースが散見されてきました. そのこともあって, ブランディングのアクターとして市民や市民組織, 企業, 産業組織も活躍しています.

図2 プレイス・ブランディング・サイクル[13]

現代の企業には環境や社会等に配慮した ESG 経営が求められています．その行動の一環として，プレイス・ブランディングにも注目が集まっています[13]．また，近年はアーティスト，デザイナー，編集者など創造的な仕事を行う人たち（クリエイター）もプレイス・ブランディングに関わっています．これらの職種は首都圏をはじめとした都市部に偏在していますが[14]，地方で活躍するクリエイターも増加傾向にあります．これはデザインに関わる需要が地方でも伸びてきたこと，情報技術の発展により地方にいても，世界規模でクリエイティブな仕事ができるようになってきたことに起因するのでしょう．筆者の見聞きした範囲ですが何よりもクリエイターたちが地方での余裕のある生活を望んでいるように思います．

今一つ注目したいアクターは「よそ者」です．地域によっては否定的な意味で捉えられてきた言葉ですが，現在では新しい価値を創造する担い手としても受け取られています．社会学では「地域の定住者と外来者との交流と協働なしには伝統の再創造または創造は触発されない」[15]と考えられてきました．地域の出来事，情景，歴史文化など，そこに住まう人々にとっては当たり前で，存在すら認識をしていないことがままあるので，よそ者の目を通してはじめて意識されることもあるのです．一方で，地域によってはよそ者やその声を受け入れることができない場合もあります．専門家による提言，地域おこし協力隊のような地域活性化のアクターの活動は地域にとって良かれと思ってなされます．しかし，地域の秩序が乱れると捉えられたり，誰かの利益を損なうと曲解されたりすることもあり，よそ者の排除という双方にとって悲劇的な結末を迎えることがあります．効果的な交流や協働を進めるためには，よそ者やそれを受け入れる地域の特性を考慮しておく必要があるでしょう．地域のよそ者の受容状態はソーシャル・キャピタルとの関連で整理できます（表1）．

地域内外の交流が減退している「受容形成期」では，地域住民は地域への愛着も薄く，そこに価値を見出せていない状況にあります．そこで誇りを育み，地域の魅力を再発見する必要があります．Opener（開く人）はそのきっかけをもたらすよそ者です．何気ない地域の料理や風景などに興味や感嘆の声をあげるOpener の反応に，人々は違和感を覚えながら，目を開かれていきます．学生のインターンシップやボランティアが Opener にあたります．「交流促進期」では，地域住民がよそ者との交流を楽しみ，交流の機会や長期滞在できる場を整えていきます．そこに主に関わる Visitor（訪問者）は地域行事などへ頻繁に訪れ，そ

表1　地域の受容状態[1]

状態	受容形成期	交流促進期	価値共創期
目的	誇りの涵養，地域の再発見	交流促進，知識の移転	価値づくり
外部人材	Opener	Visitor	Partner, Specialist
ソーシャル・キャピタルの状況	交流が減退し，地域への愛着，他者への関心が減少．	地域内の交流が活発になり，連帯感など他者への親和性や関心が高まる．	地域内交流，外部人材との交流の促進，親和性も高まり，価値づくりのために多様な人材の活動が活発化する．

の場を賑やかにします．Visitor の存在によって地域における他者への親和性や関心が高まるとともに，Visitor がもたらす知識や情報はプレイス・ブランディングの構想に活かされていきます．「価値共創期」では地域内外の交流が活発になり，価値をともにつくる多様な人材が地域に集まるようになります．Partner（パートナー）は住民とともに地域の将来を模索し，課題解決の糸口を探しともに活動を行う伴走者です．Specialist（専門家）は自らの専門性をもって地域の取組みを具体的に支援していきます．

　このように多様なアクターが SOP を抱き，それらを共有しながら場所の意味や価値をともにつくっていくことが，望ましいプレイス・ブランディングのすがたといえるでしょう．

◆ 4.3　センス・オブ・プレイスのインパクト

　ここからプレイス・ブランディングの鍵となる SOP に注目します．まず SOP が人々の間に共有されたことで生まれたプレイスの例をいくつか見てみましょう．

a.　区を越えたプレイス
　谷中，根津，千駄木を指す「谷根千」は，東京都台東区と文京区という行政区をまたいだプレイスです．この呼称は3人の主婦が3つの地域に共通した下町情緒を感じたことに始まります．「ここにくらす人々と地域のことを語り合い，温かみと節度ある近隣関係を形づくる〈場〉をつくりたい」という思いから，彼女らは谷中，根津，千駄木を紹介する地域雑誌を立ち上げました．これに共感した市民や専門家が彼女らのもとに集まり，谷根千の魅力を掘り起こすことで，さら

にその意味付けを豊かにしていったのです．かくして，東京に古くて新しい「谷根千」というプレイスが生まれ，今では国内外の観光客を惹きつける東京名所となっています．

b. 中山間地に息づくプレイス

中山間地にもプレイスは生まれています．新潟県の十日町市と津南町をまたぐ妻有郷は，「大地の芸術祭」の舞台として今や世界的に有名になったプレイスです．「人間は自然に内包される」を理念としたこの芸術祭では，芸術家がこの地で感じたことが作品として表現され，それらが里山の景観とあいまって，プレイスとしての妻有郷の意味を深めています．当初は訝しげに見ていた住民たちも，今では作品の意義を高らかに語り，地域への愛着や誇りを深めることにつながっているといいます．その土地ならではのもてなしも生まれ，地域外の訪問者との交流も深まっています．それがまた，この地にブランディングの知恵をもたらすことになり，良き循環が息づいているのです．

c. 商店街のリ・ブランディング

現代人の意味付けによって，地域がよみがえる場合もあります．日本各地の商店街の衰退は顕著です．湊町として栄えた新潟の沼垂地区は，中心に位置していた沼垂市場通りも 2000 年代にはシャッター通りと化しました．しかし 2010 年頃，レトロな雰囲気に魅せられた若者たちがかつての商店街の外観を活かしながら，手づくり感覚の雑貨店や工房，カフェを開き始めたのです．今では DIY 志向の人々が行きかうようになったこの通りは，沼垂テラスというプレイスとして息を吹き返しています．

このように，都会であろうと中山間地であろうと，地域単位にかかわらず SOP が社会化されていくことにより，プレイス・ブランディングは促進すると理解できます．

◆4.4　センス・オブ・プレイスの探索

SOP の探索について，若林らは表 2 のように整理しています[9]．感覚の言語化とその解釈が必要なことから，質的調査を中心とする手法が並んでいます．「フィールドサーベイ」「ヒヤリング」「キーマンインタビュー」を主に行いながら，状況に応じて各種手法を組み合わせ，各地の SOP が探索されていきます．

スマートフォンを日常的に使用するようになった現代，SOP の探索も行いや

表2　センス・オブ・プレイスの探索手法[9]

探索手法	概要
フィールドサーベイ	現地を実際に訪ねて視察する調査
ヒヤリング	関係者に対する聞き取り調査
キーマンインタビュー	特定の人物に絞りライフヒストリーも含め詳しく聞く調査
グループインタビュー	同質的な特徴をもつグループを対象に行うインタビュー調査
ワークショップ	テーマに沿って対話型によって創発を促す手法
パターン・ランゲージ	共通の「型」を見つけ「言語」として体系化していく手法
テキストマイニング	文章形式で収集し意味の構造を把握する手法
AI による SNS 画像分析	SNS の画像を AI で分類し意味を解釈する手法

すくなりました．フィールドサーベイを行いながら，気になった場所をスマート
フォンで撮影しそれらをクラウドに格納して，仲間と気軽に共有できます．また，
画像共有 SNS で検索をかければ，世界中の人による各地での体験を概観するこ
ともできます．

　写真撮影が身近になり，それを発展させたプレイス・ブランディングの手法も
登場しています．「ローカルフォト・ムーブメント」はデザイナーや地域の人た
ちが，カメラを手に土地の日常の風景やくらしに価値を見出そうとする取組みで
す．小豆島（香川県）や真鶴町（神奈川県）ではこの取組みを関係人口や交流
人口の増加に活用しており，2023 年現在，ローカルフォト・ムーブメントは全
国 19 か所に広がっています[16]．ローカルフォトが単なるまち歩きによる写真撮
影と一線を画すのは，このプロジェクトの発案者である写真家の MOTOKO 氏
が日本の地域が抱える課題を経済的・社会的視点で解説し，写真が社会課題を
解決しうるツールであるという認識のもと，足元の写真を撮ることの意義を参加
者に共有してきたことにあります[17]．社会課題にフォーカスすることで参加者の
SOP が磨かれるのです．

◆ 4.5　センス・オブ・プレイスと自然災害

　SOP の考え方と探索手法を活用すれば，自然災害に向けた心構えも涵養でき
ます．「地域災害環境システム学」の授業では，プレイス・ブランディングに関
する講義を実施した後，履修者に以下のような課題を出しています．

　「まち歩きをし，『魅力的な場所』と『自然災害が起きた際にリスクが発生しう

表3 「魅力的な場所」にかかる出現頻度が高い語と出現回数（25回以上）

場所	117	見る	49	人	27
魅力	104	自然	36	景色	26
感じる	92	神社	34	田んぼ	26
新潟	74	海	32	訪れる	26
写真	72	地域	31	風鈴	25
思う	55	行く	28		

表4 「リスクが発生しうる場所」にかかる出現頻度が高い語と出現回数（40回以上）

災害	132	思う	58	高い	42
場所	117	自然	58	大雨	41
発生	105	避難	55	津波	41
川	74	危険	54	多い	40
リスク	67	新潟	54	地域	40
感じる	65	被害	51		
起きる	59	地震	46		

る場所』を撮影し，それぞれについてあなたが感じたことをレポートにまとめてください」．

　この授業の履修者は1年次生が多数を占めており，行動範囲も限られていますが，瑞々しい感性で新潟市内を中心にSOPの探索を行っています．そこで「魅力的な場所」，「自然災害が起きた際にリスクが発生しうる場所」（以降，リスクが発生しうる場所）についてテキストマイニング（KH Coder ver3を利用）により解析してみましょう．

　　a.　頻出語の分析

　全対象者のデータをもとに「魅力的な場所」については自由記述における出現回数25回以上の単語を抽出しました（表3）．新潟の魅力ある場所として，「自然」「神社」「海」「田んぼ」といった言葉があがっています．同様に「リスクが発生しうる場所」については出現回数40回以上の単語を抽出しました（表4）．災害の発生しうる場所として，「川」が上位に来ており，川に関する災害へのリスクを感じていることが窺えます．

　　b.　頻出語間の共起性の分析

　「魅力的な場所」と「リスクが発生しうる場所」それぞれについて，表3と表4に示した抽出語間の関係を分析するために，抽出語の共起ネットワークを出力した結果を図3と図4に示しました．

　「魅力的な場所」について描画されている語数（node）は62，共起関係の数（edge＝線）は72，検出されたサブグラフ（共起の程度が強い語がグループ化されたグラフ）は9個です．それぞれの頻出語の共起関係と自由記述のデータから図3のように命名しました．「リスクが発生しうる場所」について描画されている語

図3 「魅力的な場所」にかかる抽出語の共起ネットワーク

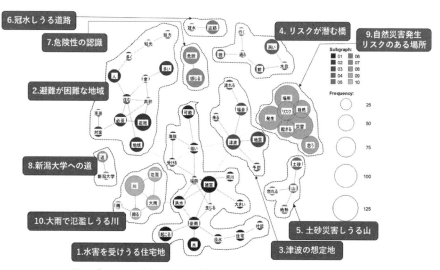

図4 「リスクが発生しうる場所」にかかる抽出語の共起ネットワーク

数は 63，共起関係の数は 84，検出されたサブグラフは 10 個です．同様に図 4 の
ように命名しました．紙幅の都合でそれぞれの結果の詳述はしませんが，ネット
ワーク図からいくつかの特徴が垣間見えます．

図3を見てみましょう．まち歩きを通じて若者たちはさまざまな新潟の魅力を感じました（サブグラフ9）．その体験によって出身地をはじめとした過去の居住地，現在の居住地，そして将来，自分が住まう地域について思いを馳せています（サブグラフ8）．越後平野に広がる田んぼの景色，山からのその眺望は格別でしょう（サブグラフ1）．内陸部出身の学生にとって海は新鮮な場所です（サブグラフ6, 7）．季節さまざまな風景やイベントは日本人だけでなく，季節を有さない国からやってくる人たちにとっても魅力があります（サブグラフ4, 5）．自然と人々の営みには深い関わりがあります．それによって街の建造物の配置や表情も変わり，それが土地の特徴として認識されます（サブグラフ3）．このように自然は魅力的な観光の対象となります．その一方で災害リスクをもった場所も少なくなく，観光客をいかに守るかということにも思いが至ったようです（サブグラフ2）．

　そこでリスクが発生しうる場所に目を向けます（図4）．魅力として捉えた川，山，海岸などさまざまな場所にリスクが潜みます（サブグラフ7, 9）．新潟は信濃川の滔々とした流れを有し各地に橋がかかります．普段渡る橋も水位が上がれば危険が増し，場合によっては孤立する危険性が出てきます（サブグラフ4）．地震による津波は海岸を飲み込むだけでなく，川を遡上しえます（サブグラフ3）．大雨による山の土砂災害（サブグラフ5），主要および生活道路の冠水（サブグラフ6），川の氾濫（サブグラフ10）も懸念されています．河川の近くや海抜の低い地域にも住宅街があるため浸水も起こりえます（サブグラフ1）．高齢者も多く道も狭い場所があることで，避難が困難な地域も見受けられます（サブグラフ2）．大学は広域避難場所に指定されていますが，そもそもそこに至る道が機能しなくなることもありうるわけです（サブグラフ8）．

　2つの視点を統合すると，学生たちは「身近な場所にある魅力と危険は隣り合わせであること」を認識したことが窺えます．この講座を通じて地域のハザードマップを確認する学生，大学周辺の住民と連携して防災サークルを立ち上げる学生たちも出てきました．

◆ 4.6　センス・オブ・プレイスの共有

　プレイス・ブランディングの文脈では，SOP を積極的に社会化していくことで，よそとの差異化を図ろうとします．地域災害環境システム学においても同様の観

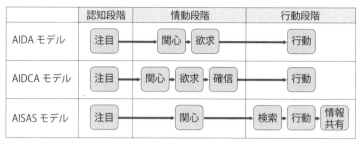

図5 コミュニケーションの反応プロセス・モデル（文献 18 を改変）

点をもっています．前節で示した自然災害のリスクにかかる SOP も社会化されていくことで，当該地の災害対応力が高まっていくことでしょう．問題は情報やノイズの多い世の中でそれをどう受け止めてもらえるかにあります．

　反応プロセスモデルは，メッセージの発信者からのコミュニケーションによる受信者の反応プロセスを，いくつかの形態で説明します（図5）．

　AIDA モデルでは注目（attention），関心（interest），欲求（desire），行動（action）の4段階を想定しています．プレイス・ブランディングでは，ある地域の SOP に触れた人が，その地域に注目・関心を寄せ，その地域に「行ってみたい」と思い（欲求），実際に足を運ぶ（行動）という流れが考えられるでしょう．AIDCA モデルは AIDA モデルをもとにしており，情動段階に確信（conviction）が入ります．住宅の購入や移住など人生において重要な局面では，購入（行動）への確信が必要になります．

　インターネットの登場と ICT の発展により新たな反応プロセス・モデルが生まれています．その一つである AISAS モデルは，注目，関心，検索（search），行動，情報共有（share）という段階を経ると考えられています．ある地域に関心を抱いた後，私たちはすぐに検索エンジンでその地域のことを調べたり，画像共有 SNS でハッシュタグ検索をして，その地域の様子をキャッチします．実際に現地へ行けば，その場で SNS にその様子を発信し，体験情報を友人や社会に共有していきます．うまく循環すれば，その土地の SOP は厚みを増していきます．

　反応プロセス・モデルを見ると，いずれのモデルにも「注目」と「関心」が組み込まれていることに気づかされます．それだけ注目・関心をつくることが重要であること，そこに大きな壁の存在が窺えます．それを乗り越えるためには，

PR（パブリック・リレーションズ）が欠かせません．PR は社会とのより良い関係づくりを指します．若林ら[9]は社会の賛同や共感を得るために，PR IMPAKT の活用を提案しています．これは inverse（逆説，対立構造），most（最上級，初，独自），public（社会性，地域性），actor/actress（役者，人情），keyword（キーワード，数字），trend（時流，世相，季節性）[9]により構成されており，このフレームワークによって情報発信の内容を整えていくことを推奨しています．

このほか，画像共有 SNS は一般的に人々の体験について投稿されるので，それを活用した発信は効果的と考えられます．各地に根ざした編集者やデザイナーといったアクターに，際立ったデザインや言葉を創り出してもらい，発信力を高めるのもよいでしょう．デジタルだけでなくアナログな発信方法も忘れてはいけません．日本各地でローカル・プレスや ZINE（手づくりの小冊子）が増えています．その多くは SOP に溢れており，地域に根ざしたクリエイターや市民によって紡がれた内容に共感の声が上がっています．プレイス・ブランディングで注目を集めるオレゴン州ポートランド市は，ZINE の聖地ともいわれ，街の公立図書館や書店に個人が作成した ZINE が並べられています．誰もが他者の SOP に気軽に触れることができ，その社会化に一役買っていることが窺えます．次章以降で紹介される「地域空間の物語性を活用した地域防災活動」や「ふるさと見分け」も SOP の探索と共有に効果を発揮します．

◆ 4.7　プレイス・ブランディングと災害に強い地域づくりの橋渡し

ここまでは地域力を高めるプレイス・ブランディングについて解説してきました．災害に強い地域をつくっていくためには，人間の意識や行動が起点になります．不幸にも地域が被災してしまった場合，復興を目指す上で，その地域の人々がともに復興に関わっていくという意識をもつことが重要であり，人と場所との精神的な結びつきを目指すプレイス・ブランディングの考え方は，災害に強い地域づくりの素地となるでしょう．

木村ほか[19]はそのことに注目し，アンケートによる全国調査を実施した上で，自然資産に基づいたプレイス・ブランディング，ソーシャル・キャピタル，プレイス・アタッチメントと潜在的復興力の関係を明らかにしています．潜在的復興力とは「ある地域における住民が有する発災後の復興に発揮することのできる力のポテンシャル」[6]を指します．住民の個人防災への関心，地域防災への関心，

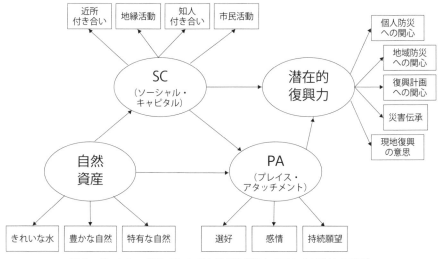

図6 プレイス・ブランディングと潜在的復興力モデル（文献19を改変）

復興計画への関心，災害伝承の存在，現地復興の意思によって観測することができます．

図6はプレイス・ブランディングと潜在的復興力との関係を説明する統計モデルです．四角は直接的に測定された観測変数，楕円は直接的に観測されない潜在変数であり，観測変数から推定されます．ここでは潜在変数に注目し，モデルを概説します．自然資産に基づいたプレイス・ブランディングは，プレイス・アタッチメントとソーシャル・キャピタルを育みます．地域に豊かで特有な自然があるという認識により，地域への愛着が高まることが示唆されています．さらにその自然資産の体験や保護を通じて，地域の人々の結びつきも高まりうるといいます．人々の健全な結びつきは地域への愛着の向上に影響します．さらに，地域で醸成されたプレイス・アタッチメントとソーシャル・キャピタルは，潜在的復興力の向上に寄与することが示されています．

災害に強い地域社会をつくるべく，人と人との結びつきや地域への愛着をどう育んでいくかは古くて新しいテーマです．今後も異なる学問分野の知見や現場の経験が組み合わさりながら，その探究は進んでいきます．

文　献

1)　長尾雅信ほか：地域プラットフォームの論理，有斐閣，2022.
2)　ロバート・D・パットナム著，河田潤一訳：哲学する民主主義，NTT 出版，2001.
3)　柿本竜治：益城町におけるソーシャル・キャピタルと地域防災力の関係性の検証．自然災害科学，**39**(2020-2021)(S07)：57-70，2020.
4)　藤見俊夫ほか：ソーシャル・キャピタルが防災意識に及ぼす影響の実証分析．自然災害科学，**29**(4)：487-499，2011.
5)　布施匡章，ソーシャル・キャピタルが防災活動に与える影響に関する分析．行動経済学，**8**：114-117，2015.
6)　石橋絵美ほか：地域の潜在的復興力とソーシャル・キャピタルの関連分析．地域安全学会論文集，**11**：309-318，2009.
7)　川脇康生：地域のソーシャル・キャピタルは災害時の共助を促進するか．*The Nonprofit Review*，**14**(1+2)：1-13，2014.
8)　小林哲：地域ブランディングの論理，有斐閣，2016.
9)　若林宏保ほか：場所のブランド論，中央経済社，2023.
10)　田村正紀：ブランドの誕生，千倉書房，2011.
11)　電通 abic project 編，和田充夫ほか著：地域ブランド・マネジメント，有斐閣，2009.
12)　若林宏保ほか：都市ブランドの意味構造の類型化に関する一考察．マーケティングレビュー，**2**(1)：13-21，2021.
13)　若林宏保ほか：プレイス・ブランディング，有斐閣，2018.
14)　経済産業省：平成 30 年特定サービス産業実態調査，2019. https://www.meti.go.jp/statistics/tyo/tokusabizi/result-2/h30.html（2023-07-18 閲覧）
15)　赤坂憲雄・鶴見和子：地域からつくる，藤原書店，2015.
16)　徳山美津恵：プレイス・ブランディングによる小豆島の変容．サービス学会第 10 回国内大会講演論文集：175-179，2022.
17)　長尾雅信・徳山美津恵：ローカルフォト・ムーブメントによるプレイス・ブランディングへの着目，日本商業学会第 73 回全国研究大会報告論集：48-57，2023.
18)　和田充夫ほか：マーケティング戦略 第 6 版，有斐閣，2022.
19)　木村慎之介ほか：プレイス・ブランディングと潜在的復興力の関係の探究．マーケティングレビュー（早期公開版），2014. doi.org/10.7222/marketingreview.2024.005

5 地域伝承がなぜ防災につながるのだろう？

〔髙田知紀〕

　身の回りの環境によく目を凝らしてみると，そこにはさまざまな過去の災害の履歴が刻まれています．それは例えば，断層のずれによってできた高低差，洪水で運ばれた土砂が堆積してできた微高地，山の斜面が崩れた跡にできた棚田，波によって浸食された海岸の崖など，物理的な環境のすがたとしての風景に現れます．また，近くの神社の由緒や地名の由来，地域で語り継がれている民話などにも，災害の履歴が含まれていることがあります．目の前の風景と地域に残る伝承を統合的に見る目をもつことは，私たちがどのようにその地域の環境と向き合い，災害リスクを回避するかを考える上で極めて重要な情報をもたらします．本章では，ある土地や地域に紐づいたさまざまな伝承を「地域空間の物語性」という視点から捉え，防災・減災におけるその活用可能性について考えてみましょう．

◆5.1 岡山県倉敷市真備町における「みつち」の伝承

　『日本書紀』には仁徳67年のところに，「吉備中国の川嶋河の派（かわまた）にみつち有りて人を苦びしむ」という記述があります[1]．川嶋河とは，現在の岡山県倉敷市真備町を流れる高梁川のことです．高梁川の支流である小田川では2018年7月に発生した豪雨（平成30年7月豪雨）で堤防が決壊し，周辺の地域に大きな被害が出ました．この豪雨災害では，岡山県内で64名，その中でも真備町では51名の犠牲者が出ています．

　真備町は古くから水害常襲地であったことが知られています．2018年の豪雨災害以前にも，例えば1893（明治26）年には水害により180名の犠牲者が出ています．『日本書紀』の仁徳紀にある「みつち」とは大蛇のことです．大蛇は，スサノオのヤマタノオロチ伝説でも見られるように，神話の中でしばしば人々を苦しめる存在として語られます．みつちは川の中に住んでおり，人々を苦しめているということから，水害の象徴であると考えられます．すなわち，仁徳紀における高梁川のみつちの記述に見出すことができるのは，『日本書紀』の記された時代以前から真備の人々は，高梁川の水害リスクと対峙してきたということです．

さらに，真備町の災害で大きく注目されたのが「バックウォーター」という現象です．高梁川本流の水位が上がったため，支流である小田川の水が本流に流入できず，逆流して堤防を越水しました．つまり，真備の災害で重要なポイントとなったのは，河川の合流部分です．川の合流部に大きなリスクがあることは，「かわまた」にみつちが住んでいるという記述からも読み取ることができます．

　実際に高梁川を訪れてみると，「かわまた」，つまり河川の合流部の扱いについて，人々が苦労してきた来歴を知ることができます．国土交通省は，平成30年7月豪雨を受けて「真備緊急治水対策プロジェクト（ハード対策）」を実施しています．この事業を実施することにより，①洪水時に高梁川からの背水影響が減少し，小田川の水位が現状より大幅に低下，②小田川を下流で合流させることにより，酒津地点の洪水位も低下し，倉敷市街地の氾濫危険度を低減，という2つの大きな効果が得られるとしています[2]．

　事業計画を見てみると，柳井原貯水池を新たに河道として整備する計画になっています．この柳井原貯水池は，明治以前は高梁川の河道でした．明治以前の高梁川は，小田川との合流点付近で東西に分かれていました．江戸時代には5年に1回の頻度で洪水が発生していたといわれています．周辺の山地において製鉄が盛んに行われ，それによって多くの土砂が流出・堆積したことで，高梁川は天井川となっていたからです．そのため，明治に入り，内務省による第1期の河川改修により，分派点から東側を流れていた河道（東高梁川）を廃し，川幅の広い西高梁川に合流させました．また，柳井原を通っていた西高梁川の支川も締め切られ，その場所が貯水池として整備されました．つまり，高梁川の河道は，かつて「X」の形で流れていたものを「Y」の形に変更した来歴をもつのです．国土交通省による「真備緊急治水対策プロジェクト」は，「Y」の合流部をさらに下流側に変更するという計画です（図1）．『日本書紀』の記述にある「かわまたのみつち」が人々にリスクをもたらすという問題は，いまだに解決されていないのです．

　川嶋ノ宮八幡神社を訪れると，第1期改修工事で開削された場所と旧東高梁川の河道が一望できるロケーションにあることがわかります（図2）．八幡の名前からもわかるように現在は応神天皇，神功皇后を主祭神としていますが，古くはこの山自体を神域とする竜神信仰の拠点であったことが由緒に記されています．『日本書紀』の記述とみつち，すなわち大蛇の物語，さらにかつて竜神信仰の拠点であった八幡神社の来歴とロケーションから，真備の人々は常に高梁川の水害

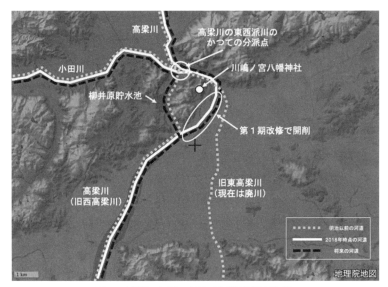

図1 高梁川の河道の変遷（地理院地図を改変）

図2 川嶋ノ宮八幡神社境内から見た高梁川

リスクに大きな関心・懸念を抱いていたことがわかります．

　重要なのは，そのような河川の合流部のリスクについて，古くから人々が懸念を抱き改修工事をしただけでなく，神社の来歴や歴史資料の中にも過去のリスク対応についての記述があったにもかかわらず，水害によって大きな被害が出てしまったということです．地域に過去の災害の来歴を伝える言説や記録があったとしても，それが自動的に世代を超えて災害対応の重要性を伝えていくことにはな

らないのです．地域空間に刻まれた災害の履歴をどのように適切に活用していくかということを考えなければなりません．

◆ 5.2 大蛇伝説に見る水管理

真備のみつちのように，大蛇や竜に関する伝承は，その地域の水害リスクに対する人々の対応の現れといえます．私たち人間にとって水は生きていく上で必要不可欠なものです．その水の供給が過多になると水害リスクとなります．逆に水が不足するということもまた大きなリスクです．大蛇や竜の伝承が，水害だけでなく，渇水への懸念として語られることもあります．

ため池は，古来，人々が安定的に水を得るために整備してきたインフラです．そのことは言い換えれば，渇水への懸念が根底にあるということです．ため池を整備したからといって，その懸念が完全に解消されるわけではありません．ため池をめぐる伝承には，渇水への懸念が顕著に表現されている話が多くあります．

兵庫県は日本で最もため池の多い県です．ここでは，兵庫県下のいくつかのため池にまつわる伝承から，資源としての水と，リスクをもたらす水の両方の側面を，地域でどのように語り継いできたかを見ていきましょう．

加古川市志方町には「蛇ケ池」という池があります．かつてこの池の近くに寺がありました．この寺が廃絶するとき，鐘が池に沈みました．それ以来，この池の主といわれる竜がその鐘を抱き，池の底深くに潜んでいると伝わっています．この地域では干ばつが起こると，村の人々は蛇ケ池を掘る「鐘掘り」という作業を行います．鐘を掘り出そうとすると，池の主の竜が怒り，雨が降るといいます．これと同様の伝承は，加西市の「才の池」にも伝わっています．

小野市の慶徳寺には，干ばつのときに雨を降らせる「竜の鱗」の伝承があります．山中にいつも清水が湧いている場所があり，その水は八ケ池と呼ばれる池に流れ込んでいました．そこに住む大蛇が，人間の女性のすがたでいつからか寺の禅師の話を聞きにくるようになりました．その功徳によって大蛇は人間に生まれ変わることができ，自身の鱗を禅師に捧げました．この竜の鱗は雨を呼ぶ力をもっており，その後，干ばつのときには雨を降らせて多くの人々を救ったと伝わっています．

水資源を得るということと，水害のリスクがあるということは常に隣り合わせです．それは水の「量」の問題でもあり，水の供給が過多になれば，それは水害

として人々にとっては脅威となります．水害に関連する伝承で興味深いのは，養父市八鹿町に伝わる「岩崎の大蛇」です．岩崎村の山中に大蛇が住むといわれる池があり，人々はそこに近づこうとしませんでした．ある夜，一人の村人の夢にその大蛇が現れ，「この池から出たいので，邪魔をせずに村を通してほしい」と告げたといいます．これを受けて村人たちは集まって相談し，大蛇が村の中を通ると農作物が荒らされてしまうので，池から出さないほうがよいと結論づけました．大蛇を通さないようにするため，池の出口に大きな杭（蛇杭）を打ち込みました．そうすると，大蛇は悲しみ，さらに怒り，ある夜に暴風雨を呼び起こしました．朝になると，村の中の谷筋に泥が広がり，大きな岩が転がっていました．池の付近では斜面が崩落し，池の堤は決壊していたそうです．それは大蛇が大水の勢いに乗って下流に下っていった跡だと村人は考えました．このことから，旧暦8月1日には，なった縄を大きな蛇に見立て，村人がこれを引き合ってちぎる「はっさく」という行事が行われていました．この民話では，実在するため池を舞台に，大蛇の動きをため池の決壊と洪水，あるいは土石流の挙動として表現しています．さらに，民話の延長として集落の行事が行われていたことも興味深い点です．

　ここに紹介したフィクションとしての民話は，実際の地域でのくらしにつながっています．自然災害に関する情報が含まれた民話は各地に見られます．そのような民話が防災・減災において重要な意味をもつのは，架空の場所ではなく，実在の地域や地名が登場するからです．前述の大蛇伝承に出てくるため池の前に立ったとき，私たちは物語がフィクションであるからという理由で目の前の環境をまったく別のものとして捉えるのではなく，「物語の舞台としてのため池」を認識します．この場合，暗喩的に環境のリスクを認識していることになります．事実として発生した災害の語り継ぎ活動だけでなく，フィクションの物語を語ることも，人々のリスクへの認識に影響を与えることが期待できます．この点において，実際の地域を舞台にした民話や伝承の収集・普及・活用も，防災・減災に向けた重要な語りの実践として捉えることができるのです．

◆ 5.3　何かを語ることによるリスクマネジメント

　「語ること」は，単にある状況や物事を説明するためだけの行為ではありません．言語哲学者であり，しばしば日常言語学派という学術的潮流に位置づけられるJ・

L・オースティンは著作 *"How to Do Things with Words"*[3]（邦題：『言語と行為』[4]）の中で，言語行為の機能を「事実確認的」と「行為遂行的」の2つに区分しています．事実確認的な言語行為とは，例えば「今日は空が青い」「向こうを猫が歩いている」「目の前を蜂が飛んでいった」というように，ある状況をそのままに説明するために言葉を発する行為です．一方で行為遂行的な言語行為では，「今日ランチをご馳走しますよ」「私はこの犬をポチと名づけます」といったように，これらの文を口にすることで，その行為を実際に行うことになります．「ランチをご馳走する」と誰かに向かって言うことは，ランチの代金をすべて自分が支払うということをすでに「約束」しています．命名を宣言することは，少なくともそれを了解した人々の間で「名前をつける」という行為を実践しています．また，「祈る」「願う」「賭ける」といったことを口にするのも同様です．オースティンは，伝統的な哲学の議論では，言語行為の「行為遂行的」な側面についてほとんど注意が払われてこなかったと指摘しています．

　事実確認的な発語行為では，発された内容が「真か偽か」ということが問題となります．曇天の日に「今日は空が青い」と語れば，それは事実とは異なることを語ったことになり，「偽」の発言内容となります．一方で，行為遂行的な発語行為の場合では，その内容の「真偽」ではなく，「適不適」が問題となります．「今日ランチをご馳走しますよ」と発言した人が，結果的に昼食の代金を支払わなければ，発言した内容が遂行されなかったということです．約束を破ることや，契約の不履行は，その行為遂行的な発語が適切に実行されなかったことを意味します．

　言語行為のもつ確認的・遂行的な側面をさらに考察していくと，ただ純粋に事実を記述するだけの言語行為がほとんどないということにも気がつきます．前述の「今日は空が青い」という発言についても，その声を聞いた人の注意を空に向けるという行為を実践することもあります．「向こうを猫が歩いている」と発することは，猫を好きな人の顔の向きや歩く方向を変更させることもあります．「目の前を蜂が飛んでいった」と発言することは，刺されないように人々に注意を喚起するという行為を遂行しているとも考えられます．言語行為には確認的な機能と遂行的な機能があるということは事実ですが，それらを明確に区別することは実は難しいのです．

　オースティンはさらに議論を展開し，言語行為を最終的に，①発語行為，②発

語内行為，③発語媒介行為の３つの側面から再検討しています．「今日ランチを
ご馳走しますよ」と発言することは，まず日本語の語彙と文法に適した形で声に
出すという発語行為を行っており，さらにランチの代金をすべて自分が支払うと
いうことを「約束」するという意味で発語内行為を実践しています．さらにこの
発言を聞いた人を喜ばせたり，あるいは恐縮させたりするのが発語媒介行為です．

　特に発語媒介行為は，私たちが生きる環境そのものを変えることにもつながり
ます．例えば，部屋に入ってきた人に「電気をつけてくれませんか？」とお願い
すると，その人は壁のスイッチを押し，結果として部屋が明るくなります．「大
雨が降るので気をつけてください」と誰かに語りかけることは，その人の注意を
今後の天気の状況に向けさせ，洪水や停電に備えて，避難ルートの確認や非常食
の確保などの行動を起こさせます．

　以上のように，「語ること」が「何かを行うこと」という側面をもつことは，
災害リスクの低減に向けたさまざまな語りの実践の新たな意味と価値に光を当て
ることになります．事実としての過去の災害の経緯を語ることだけでなく，創作
や伝承の中で，実際に人々に起こりうる災害に関する何らかの言説は，それを語
る人が決意したり，留意したり，あるいは約束するという「発語内行為」として，
ただの記述や確認である以上に，すでに実践していることを意味します．またそ
の発語行為によって，その内容が「発語媒介行為」として，他者の注意を喚起し
たり，あるいは行動変容を促す可能性を有しています．事実か創作であるかにか
かわらず，災害リスクについて何かしらの形で語ることは，それ自体がリスクの
低減に貢献する実践として位置づけられるのです．

◆5.4　地域の物語を紡ぐ防災活動

　地域で語り継がれてきたさまざまな伝承から，災害リスクを含むその土地の特
性が明らかになることがあります．100年，あるいは1000年の時間スケールで
語り継がれてきた神話や民話は，科学的な方法によって得られる環境情報とはま
た違った価値を私たちにもたらしてくれます．では，現代の社会において地域伝
承をどのように防災・減災の取組みで活用していくことができるでしょうか．こ
こでは，神戸市灘区で展開された一つの実践事例を紹介します．

　神戸市で活動する「いきいきネットワーク」は，「いきいき仕事塾」を受講し
た人々により結成されたネットワーク組織です．「いきいき仕事塾」とは，阪神・

淡路大震災後に，学びを通して高齢者のエンパワメントとなるような支援方策として実施された事業です．「いきいきネットワーク防災の会」（以降，防災の会）は，2022年に神戸市で開催された「ぼうさいこくたい2022」への出展を検討していました．シニア世代の女性を中心メンバーとした防災の会は，災害の危険性を客観的に伝えるのではなく，災害情報を受け取る側も自分たちも，楽しみながら災害リスクに向き合うための方策を模索していました．そのメンバーの一人が，本章で紹介したような災害に関連する地域の民話や伝承に着目し，自分たちが活動する神戸市灘区における神社の配置と災害リスクの関係についてのマップを製作することを提案しました．

　神社の立地と自然災害リスクについては，先行研究によって和歌山や四国におけるその安全性が検証されています[5,6]．和歌山県では，津波や洪水などのリスクについては，神社の9割以上が安全性を担保しうる結果となっています．また，四国の徳島県，高知県では，式内社（平安時代に編纂された『延喜式』に記載のある神社）はそのすべてが，南海トラフ巨大地震による津波の浸水想定区域の外に位置していることがわかりました．

　防災の会は神社めぐりを通して，地域の災害情報を知るためのツールは，自然災害に高い関心をもたない多くの人の関心を引くのではないかと考えました．また，メンバーの数人は，「人と防災未来センター」での震災語り部として活動しています．その活動を進める中で，自身の体験を事実として伝えるだけでなく，災害を経験していない人も，何かの形で，自分が主体となって災害について語ることの必要性を痛感していました．なぜなら，経験者しか災害を語ることができなければ，時間の経過とともに，災害についての「語り」そのものが縮退してしまうからです．つまり，その語りを媒介するさまざまな行為の展開が見込めなくなるのです．大規模な自然災害を経験した地域では，30年が経過すると急激に当時の状況や体験についての語りが減少し，その継承が難しくなるといわれています．このことはしばしば「30年限界説」と呼ばれます．神戸では，2022年の時点で震災発生から27年が経過していました．30年の限界が近づいていたのです．

　防災の会が語り部として活動し，また「ぼうさいこくたい2022」の会場にもなる場所は，神戸市のHAT神戸というエリアにあります．まず，自分たちの活動拠点である地域の物語を掘り起こしながら，災害リスクを検討していくことに

なりました.

　HAT神戸のあるエリアは,製鉄所などの建設に伴い明治初期に埋め立てによって造成された土地です.そのすぐ北側には「敏馬神社」(図3)が鎮座しています.江戸時代に描かれた「摂津名所図会」では,敏馬神社のすぐ前に砂浜が広がっており,かつての海岸線を知ることができます.敏馬神社の参道がある崖は,およそ6000年前,海が入ってきたとき(縄文海進のピーク時)に波の作用によって形成された崖(波食崖)です.

　海岸段丘の崖につくられた参道を上がると,敏馬神社の由緒が書かれています.式内社として長い歴史をもつこの神社の現在の主祭神はスサノオです.江戸時代以前は祇園の神である牛頭天王を祀っており,さらに古くはミヌメ神を祭神としていました.このミヌメ神は「水」に深く関わる神で,水神としてよく知られるミズハノメと同一神であると考えられます.本殿の右側に小さな水神社があり,そこに本来の祭神であったミズハノメが祀られています.敏馬神社の鎮座する地形に着目しながら,境内地の脇を観察すると,側溝に湧き出る水を確認できます(図4).さらに境内社に目を向けると「松尾神社」を確認できます.灘五郷で酒造業を営む人々や,酒を船で輸送する回船業に従事する人々の信仰を集めていたことも窺えます.酒をつくるための大切な水資源を安定的に得るために,人々は水を司る神に祈りを捧げていたのでした.神社に祀られる祭神の来歴と地形,それに詳細な水の流れを見るだけで,この場所が水資源の管理の重要な拠点であったことがわかります.

　一方で,敏馬神社のすぐ前がかつては砂浜だったということは,高潮や津波な

図3　敏馬神社(神戸市灘区)

図4　敏馬神社境内の横から湧き出る水

どの被害が出やすいことも意味します．現在のハザードマップでは，それらの災害によって被害が出るという想定にはなっていません．しかし敏馬神社を訪れた防災の会のメンバーは「敏馬神社の下までが海だった」「敏馬神社より海側は埋め立てられてできた土地である」という履歴を知っておくことが大切だと語りました．身の回りの土地の成り立ちを知ることが，想定を超える災害が発生したときの避難行動の一つの基準になりうるからです．

HAT 神戸から敏馬神社を中心とした地図を眺めていると，もう一つ，目にとまる神社の名前があります．それは「稗田水神社」です．敏馬神社で水神としてのミズハノメの存在感を実感した防災の会は，すぐ近くの水神社を目指して歩きました．住宅街に鎮座する小さな神社には，その神社名の通り「ミズハノメ」，さらに稲荷神である「ウカノミタマ」が祀られていました．興味深いのは，水神社が鎮座した背景に，水害に対する人々の懸念があったことです．境内に設置されている由緒によれば，承応年間（1650 年前半）に創祀されたとあります．この稗田の地は古くから田園地帯でしたが，江戸時代には住民がたびたび発生する水害に悩まされていました．そこで，水害の抑制と稲の豊作を祈願して，水神と稲荷神を奉斎したと書かれています（図5）．

図5 稗田水神社（神戸市灘区）の由緒

図6 素佐男神社（神戸市灘区）に参拝する防災の会メンバー

　稗田水神社のすぐ西には西郷川という二級河川が流れています．六甲山南側を流れる多くの河川と同様に，直線的で急勾配の流路をしています．神社の由緒に書かれている水害は，この川を起点にもたらされたものだと考えられます．実際の記録でも，阪神大水害（1938年），昭和36年洪水（1961年），昭和42年洪水（1967年）の昭和の三大水害で大きな被害が出ました．特に1938年に発生した阪神大水害は極めて甚大な被害をもたらしたことから，西郷川で翌年の1939年より河道掘削，護岸工事といった河川改修が進められました．稗田水神社の立地と由緒から見えてくるのは，人々が水を利用しながら資源を得ると同時に，水害リスクに必死に対応してきた地域の来歴です．

　防災の会が注目した3つ目の神社が，素佐男神社です（図6）．名前からわかるように，スサノオを祭神としています．神戸の祇園信仰の拠点である兵庫区の平野祇園神社に対して，この神社は「東の祇園さん」とも呼ばれていたことから，かつては牛頭天王を祀っていたとも考えられます．創建は1500年頃とされています．スサノオは出雲系の神であり，製鉄に関わる神でもあります．日本神話ではヤマタノオロチを退治し，人々を救った神として知られています．灘区の素佐男神社でスサノオは，大陸の進んだ文化を取り入れ，製鉄や治水の技術を広く伝え，産業振興の神徳をもった神として信仰を集めてきました．かつて神社の鎮座地周辺は天城郡都賀荘鍛冶屋村と称され，その名の通り鉄を加工する鍛冶屋町で

図7 いきいきネットワーク防災の会が作成した「神社で防災マップ」

あると同時に，水害も多かったことから，地域の守り神として祀られたと伝えられています．

　以上のように防災の会は，敏馬神社の水神から水資源の重要性を認識し，稗田水神社で過去の水害の履歴を知った上で，素佐男神社では人々を水害から守る神に出会いました．防災の会は神戸市灘区の神社の立地とその由緒，さらに周辺の歴史を歩きながら調査し，「神社で防災マップ」（図7）を製作し，「ぼうさいこくたい2022」で展示しました．その後も，人と防災未来センターでの展示などに活用しています．このマップづくりに参加したメンバーは，灘区の歴史の中で必ずしも体系的に整理されてこなかった災害履歴を，その土地の特性や神話とともに理解することになりました．このような機会を日本の各地において展開していくことは，過去の災害の履歴を風化させることなく，地域で継承し，安全・安心なコミュニティの形成に貢献すると考えられます．

◆5.5 「地域空間の物語性」を踏まえた地域防災活動に向けて

　本章で論じてきたような，ある事象が具体的な土地や環境と紐づけられる形で一定の文脈と展開をもって語られる性質を「地域空間の物語性」と表現したいと思います．「地域空間の物語性」に着目するのは，事実と虚構の区別が重要なのではなく，現実の環境を舞台にさまざまな語りが存在するという点に大きな意味があります．物語によって人間は，自身が生きる時間と場所のみならず，過去やほかの土地において生じた膨大な事象の中からある部分を選択し，解釈し，自身の関心領域と関連づける形で記憶にとどめることができます．それは，日本の国土において発生した多くの災害が，事実として記録されるだけでなく，それ以上に多くの物語の形で現在に引き継がれていることからも確認できます．したがって地域防災の取組みに「地域空間の物語性」の視点を導入することは，客観的事実と科学的厳密性に基づく情報だけでなく，地域の景観構造の中で人々が語り継いできた言説にハザード情報のエッセンスを見出し，それらを防災・減災に資する形として再構築することで，適切に災害リスクを認識することにつながります．

　結びとして，地域空間の物語性を活用した地域防災活動のスタートアップガイドを示しておきます．次のような手順を踏まえることで，誰もがいつでも，地域空間の物語性を掘り起こしながら地域防災の実践を展開することができます．

　最初の手順は，地域のハザードマップに神社や寺，その他の史跡の場所を書き込むことです．ハザードマップは，各自治体が配布・公開しています．既存のハザードマップの中に，大小さまざまな神社仏閣や祠なども書き込んでいきます．その上で，洪水や津波，土砂災害の災害リスクの高い場所とどのような位置関係にあるかを把握してみましょう．

　次に，神社仏閣や史跡をプロットしたハザードマップをもって，実際にその場所を訪れてみます．そのとき，参道や拝殿・本殿，お堂などのわかりやすい施設だけでなく，建築物の裏側や石碑，看板など周辺を隈なく歩き観察します．重要なポイントは，史跡のある土地が周りと比べてどのような高さ関係にあるかということです．微妙な地形変化の中で高低差に着目することは，すなわち雨が降ったときに水がどの方向に流れ，どこに集まるかを意識することにつながります．そのようにして小さな起伏を意識的に見ることによって，特に水害リスクの高い場所を把握できます．

史跡を訪れて十分に観察した後は，その歴史的な背景を資料からあらためて分析します．神社ならその創建年や祭神，また遷座や合祀の来歴を調べます．また，現地の看板などに由緒や来歴が掲示されている場合はそれを記録します．なければ，各ウェブサイトなどで情報が得られる場合もあります．そこから，『古事記』，『日本書紀』，風土記などの古典での記述の有無を調べます．また，地域の図書館で郷土史（都道府県史，市史，町史，村史など）を調べると，より詳しい来歴や災害が記録されていることもあります．

　地名も，災害リスクに関連する重要な情報を提供します．ハザード情報や史跡の立地を確認しながら，周辺の地名の由来を調べてみましょう．現在残されている地名だけでなく，郷土史などからかつての字名がわかればなお深く考察できます．字名は，例えば自治会の名称，電柱の管理用プレート，あるいは鉄道の踏切などに設置されている標識に残っていることがあるので，注意して観察してみましょう．地形とセットで考えることも重要です．例えば，川の近くや水の多い場所には「田」や「谷」「江」などの字名がついていることが多く，また「尾」や「平」などの字名は，丘陵や台地状の地形に見られます．注意しなければならないのは，地名の漢字は，後の時代に当て字でつけられているケースが多々あるということです．そのため，地名は「音」が重要になります．『角川日本地名大辞典』（角川書店，1978〜1990）や『日本歴史地名大系』（平凡社，2005）などを参照すれば，地名の由来が明らかになることもあります．

　地域のハザード情報と史跡や地名に関するさまざまな情報を調べたら，そのことを他者と共有しましょう．できれば情報を収集する段階から，複数人のチームで実施するのがより望ましいプロセスです．フィールドワークを複数人で実施すれば，その分だけ地域を眺める視点が多様になり，地域環境の違った側面が見えてきます．神戸市灘区での取組みのように，具体的なアウトプットを定めて，グループでプロジェクトに取り組むのもよいでしょう．大きな成果物をつくる必要はなく，最初はできること，グループメンバーの実施したいことを中心にプロジェクトを構想すると，活動を継続しやすくなります．

　以上のような活動を展開するとき，神社仏閣の来歴やそこで語られていること，その他の地域の歴史・文化に関しては，必ずしも歴史学的，科学的な根拠や裏付けをもつ必要はありません．重要なのは，目の前の地域の環境にそれぞれが深いまなざしを向けることです．したがって，想像力，あるいは妄想力をはたらかせ

ながら，「私はこう思う」と自由に地域の物語を語りましょう．そうすればおのずと，災害リスクだけでなく，地域のさまざまな価値や課題を統合的に見る視点をもつことができるようになります．

　日常の風景は季節や天気，時間によって変化します．また自分の知識や考えが変われば，見える風景も変化します．したがって，何度も繰り返し歩くことが重要です．回数を重ねるたびに，あるいは異なるメンバーで歩くたびに，地域の中に新しい発見があり，また新しい物語が見えてきます．その地域に住む人々が，主体的に地域空間の物語性を掘り起こし，それらを紡いでいくことが，安全で安心してくらすことのできるコミュニティを育んでいくのです．

文　献

1)　坂本太郎ほか校註：日本書紀 2．岩波文庫，1994．
2)　国土交通省中国地方整備局高梁川・小田川緊急治水対策河川事務所：小田川合流点付替え事業．https://www.cgr.mlit.go.jp/takaoda/odagawa_overview.html#overview5（2023-08-05 閲覧）
3)　Austin, J. L.：*How to Do Things with Words*, Harvard University Press, 1975.
4)　オースティン，J. L. 著，坂本百大翻訳：言語と行為．大修館書店，1978．
5)　高田知紀・桑子敏雄：由緒および信仰的意義に着目した神社空間の自然災害リスクに関する研究．実践政策学，**2**(2)：143-150，2016．
6)　高田知紀ほか：延喜式内社に着目した四国沿岸部における神社の配置と津波災害リスクに関する一考察．土木学会論文集 F6（安全問題），**72**(2)：I_123-I_130，2016．

6　災害に強いコミュニティを育てるためには？

〔豊田光世〕

　災害に備えることの大切さを多くの人が認識していますが，リスクを予測し危機感をもって万が一の場合に備えることは，必ずしも容易ではありません．確率的思考や受動的思考に縛られることで，「災害が起こる確率は低いのではないか」あるいは「災害が起きたら公的機関が助けてくれる」といった考えに陥りがちだからです．災害に強いコミュニティを育てる上で大切なことは，こうした思考パターンを解き放ち，地域主導の多彩な備えを展開していくことにあります．本章では，防災をテーマとしたコミュニティ形成の事例として新潟県佐渡市 両 津福浦の安全安心まちづくりを取り上げ，備えるための対話と協働の足跡をたどり，万が一に備えるために必要な見方・考え方を掘り下げます．

◆ 6.1　備えることをためらうとき

　「備える」とは，将来起こると予測されることにうまく対処できるよう，前もって準備をすることです．何らかの災害が発生する前，平常時にしっかりと備えることは，私たちの命，くらし，町を守るために大切な行為であり，家庭，学校，職場，地域などさまざまな場面で取り組まれてきました．「備えあれば憂いなし」という言葉が象徴するように，私たちは備えることの大切さを確認しつつ，そのためにできることを行動に起こしていくよう注意喚起してきたわけです．

　しかしながら，備えることの大切さは理解しつつも，他人任せになってしまったり，なかなか具体的な行動に結びつかなかったりという経験はないでしょうか．リスクを予測し危機感をもって万が一の場合に備えるということは，必ずしも容易なことではないでしょう．備えることをためらう気持ちが私たちの中に存在し，防災の意識や行動に大きな影響を与えているからです．

　では，備えることが大切だとわかっていても，躊躇してしまうことがあるのはなぜなのでしょうか．その背景には，少なくとも次の2つの思考パターンがあると考えられます．第一に，確率的思考による支配です．災害の発生リスクは，確率として表現されます．例えば，地震であれば「今後30年以内にマグニチュー

ド8クラスの地震が発生する確率は20％」といった具合に，ある一定の期間内に想定される災害の発生確率が示されます．こうした表現は，災害はいつか必ず発生するという前提に基づき，予測の難しい自然災害に対して適切な備えを喚起するために使用されます．しかしながら，災害が発生する確率が示されたときに，私たちの多くは，「発生しない可能性もある」ということを考え始めます．災害が発生することを想定して対応すべきだと頭ではわかっていても，起こらないかもしれないのに備えるのは損なことのようにも思えてしまうわけです．「万が一」は，0.01％です．万が一に備えるということは，0.01％の確率に対して真摯に向き合うことです．いつ起こるかわからない災害に備えるためには，確率を計算する思考とは異なるマインドセットが必要になります．

　第二に，指示待ちの受動的思考による支配です．災害対応では公的機関が重要な役割を果たします．災害に強いまちづくり，発災時の避難指示，復興時のまちづくりなど，自治体や都道府県などがリーダーシップをとり，市民の安全を確保するための取組みを展開することが求められます．公的機関の動きは災害対策・対応において極めて重要である一方で，その役割が強く認識されればされるほど，市民は受動的思考に陥る可能性があります．例えば，避難するかどうかの意思決定の際，自治体からの情報提供に基づいて行動する人は多いはずです．もし適切な情報提供がなされずに避難が遅れるようなことがあれば，自治体は厳しく責任を問われます．そこで，より敏速な情報発信，より正確で明確な指示伝達が検討され，工夫されます．このことは被災を回避する上で重要なことのように思えますが，一方でこうした情報発信を充実させればさせるほど，市民は「情報待ち」「指示待ち」の状態に陥り，自分で動こうとしなくなるという問題が発生します．矢守はこうした問題を「災害情報をめぐるダブル・バインド」という言葉で説明しています[1]．避難指示の情報には，意図されない含意があります．例えば「避難は指示が出てからするもの」や「避難指示には出し手と受け手が存在する」などのメタメッセージが含まれており，こうした含意により，自ら状況を察知しようとする意識や，避難判断を行うのは自分自身だという意識が薄れ，受動的な思考に支配されてしまうというわけです．

　では，確率的思考や受動的思考による支配を回避し，万が一（0.01％）に備えるためには，どのようなアプローチが必要なのでしょうか．この問いに対して，「地域づくり」という観点から考えていくことが本章の目的です．そのために一つの

事例を取り上げます．新潟県佐渡市両津福浦（以降，福浦）という地域で展開してきた安全安心のまちづくりです．筆者は2012年からこの地域の取組みを支援し，地域住民とともに備えるための多彩な試みを展開してきました．そのプロセスを通して見えてきた，備えるための対話と協働のポイントを踏まえ，万が一に備えるための地域づくりがどのように展開可能かについて掘り下げます．

◆ 6.2 まち歩きから始まった地域の読み解きと備えるための取組み

a. 「ふるさと見分け」で地域の特徴を掘り起こす

福浦は，佐渡島の玄関口である両津港のすぐ側にある人口約300人の集落です（図1）．南側は加茂湖という汽水湖に面し，北側は大佐渡山脈から延びる丘陵地へと続いています．「福浦」という地名は「フクロ」の転訛で，山水に囲まれた入江に由来するとされ，舟が風を避けて停泊するのに適した地形を示唆しています．文字通り豊かな浦でもあり，加茂湖の岸が浅かった頃は，アサリ，ナマコ，アカニシなどが豊富に獲れたといいます[2]．縄文遺跡も発見されていることから，古くから人が住み着いていた場所だということがわかります．

筆者がこの集落の地域づくりに関わるようになったきっかけは，地域住民から「自分たちの手で地域をよくする取組みを展開したい」という要望を受けたことにあります．以前から，福浦が隣接する加茂湖の環境保全に取組んでいた筆者（当時，兵庫県立大学講師）は，東京工業大学で合意形成の研究に取り組む桑子研究室のメンバーと一緒に，福浦の地域づくりに関わることになりました．福浦は，まちの中心部に国道350号線が走り，その道を挟むように住宅が立ち並んでいます．かつては，造り酒屋やラムネ屋があったり，鏡ヶ岡公園という加茂湖を望む景勝地があったり，賑わいのある街並みだったようですが，今はそうした店舗もなくなり，特徴を捉えづらい住宅地になっています．少子高齢化が進み地域に元気がないこと，集落の誇れる要素を認識できないことを，一部の住民は課題として感じており，地域の活性化のために何ができる

図1 佐渡市両津福浦の位置図（黒丸）

のかを模索していました．そうした中，地域づくりの支援の依頼を受けた筆者たちは，「ふるさと見分け」というまち歩きを住民の方々と試みることとしました．

　ふるさと見分けとは，まち歩きをしながら「空間」「時間」「価値」という3つの軸で地域の特徴を捉える手法です[3]．地形的特徴や構造（空間），地域空間の履歴（時間），住民の関心（価値）を明らかにしながら，その地域で何ができるかを考えていきます．さまざまな年齢や立場の人が会話をしながら一緒にまち歩きをすることで，多面的にまちの特徴を洗い出すことを目指します．

　福浦には，地域活性化のための交流や勉強会などを重ねてきた「福友会」という住民有志のグループがありました．その会のメンバーが中心となり，集落住民に参加を呼びかけ，2012年7月14日に福浦ふるさと見分けを行いました．隣接する加茂歌代集落のエリアを含め約3時間のまち歩きを通して，地域の特徴が徐々に見えてきました．はじめに立ち寄った赤井神社では，水を治めることと深く関係している「素戔嗚尊」という神様が祀られていることを確認しました．この神社は加茂湖のほとりの高台に位置することから治水の要所だった可能性があるということ，実際に災害時の避難場所としても活用されてきたことなどが話題に上がりました．そこからしばらく高台を歩いていくと，車両が通行できる幹線道路とは別に，低地へと下る細くて急な坂道がありました．坂道を降りていくと草や低木が茂る藪があり，かつてはこの藪の中にも道が通っていて，近隣住民の生活道として活用されていたことが語られました．坂を降りたところには，水源地がありました．今でも両津地区の上水道の水源となっている場所です．丘陵の麓にあり，豊かな水が湧き出ているとのことでした．さらに先に進むと，近くには「カッパの詫び証文」の伝説がある家がありました．加茂湖のほとりで馬にいたずらをしていたカッパを捕まえると，二度といたずらはしないし魚を献上するので許してほしいとのことなので，証文を書かせてカッパを逃がしてやったという話でした．この辺りは，かつて「押廻し」と呼ばれており船を転回する場所でした．埋め立てによって湖岸は大きく変化していますが，かつては奥まで深く切り込んだ入江がありました．かつての風景を想像してみると，今よりもずっと水辺が近く，水にまつわる産業が発展していたまちのすがたが見えてきます．

　まち歩きの後は，福浦の公民館で印象に残ったことなどを地図上にまとめていきました．見えてきた福浦のキーワードは「水」でした．水の豊かな場所であり，そのことを象徴する神社や伝承があります．かつて造り酒屋やラムネ屋があった

のも，水が豊富だったからでしょう．一方で，水のリスクについても語られました．1833（天保 4）年に大地震があり，福浦を含む沿岸域は津波の被害を受けたそうです．高台にある理性院という真言宗の寺は，その際に避難所となり，炊き出しが行われたといいます．水の豊かさとリスクは表裏一体であること，資源を活かしつつリスクに対応していく地域づくりをしたいという思いが語られました．

b. 防災を核としたまちづくりの始動

　福浦のまち歩きを行った 2012 年の前年，東日本大震災が発生しました．津波の被害を受けやすいとされてきた複雑なリアス海岸のみならず，巨大な津波が平野部をも飲み込んでいく様子を，メディアを通して多くの人が目撃することになりました．福浦の人々の心にも，津波に対する恐怖感が鮮明なイメージとともに植えつけられました．自分たちのくらす地域は大丈夫なのか，津波が到来したらどこへ逃げればよいのか，独居の高齢者も増える中で助け合う関係性はできているのかなど，さまざまな不安が語られました．地域の資源を活かしてどのような取組みを展開するか模索する中で，災害に備えることをプロジェクト化できないかという考えへとつながっていきました．

　まち歩きに参加した人々は，かつて生活道として利用されていた道が藪と化しまったく歩けない状態になっていたことを知りました．もしもその道を再生できれば，低地から高台へと避難するルートを確保できるはずです．藪化していた土地は，佐渡市が管理する公有地でした．そこを通る生活道は，本来であれば自治体が整備する必要があるものかもしれません．しかし，自治体に陳情をするのではなく，自分たちの手でも整備できるのではないかと考え，福浦の地域づくりの核となる取組みとして，津波避難道を市民普請で整備するプロジェクトが構想されました．

　公有地の公共インフラを民の手で復活させるこのプロジェクトは，参加者の利害関心を結びつけていく中で生まれたもので，多くの賛同を得ました．一方で，話し合いで共有された福浦の住民の関心は，防災というテーマに集約していたわけではありません．地域の歴史を調べたい，文化資源や伝承を活かしたまちづくりをしたいという声も多数聞かれました．対話の中で語られたさまざまな関心をもとに，津波避難道の整備に加え，福浦の歴史年表の作成，伝承や文化資源を紹介する小冊子の作成，地域資源の情報を掲載したマップの作成という合わせて 4 つのプロジェクトを立ち上げることになりました．異なるプロジェクトを並行し

て進めることで，地域住民の多彩な関心に寄り添う取組みができると考えたからです．福浦集落の住民の有志は，これらのプロジェクトを進めるために「福浦ふるさと会」というプロジェクトチームを結成しました．チーム結成当時のメンバーの平均年齢は71歳，最高齢が95歳．シニア世代が中心となり，集落に広く声をかけながら，開かれた地域づくりの取組みを進めていきました．

◆6.3　多角的に展開する安全安心まちづくり

a.　地域文化を活かすユニークな防災の試み

　津波避難道を自分たちで整備するという目標は，地域住民にとって挑戦的でワクワクするものでした．福浦集落では，これまでも地域を基盤とした自主活動を数多く積み重ねてきていましたが，道をつくるという試みは新たな活気を地域にもたらすきっかけとなりました．一方，土木事業ですから，人々の想いだけでなく，技術的な知見も必要になります．その際，力を貸してくれたのは，地元の建設業者でした．有限会社麻布組の協力を得て，福浦ふるさと会のメンバーは図面を描き，計画を立て，整備の実現へとつなげていきました．資金として活用したのは，佐渡市の「地域おこしチャレンジ事業」の助成です．助成期間である3年間をプロジェクトの期間として定め，活動を展開することとしました．プロジェクトを進めるにあたり，道を整備する土地の所有者である佐渡市から10年の使用許可を得て，整備を開始しました．

　2013年5月31日，集落の背後にある藪化した山林に，老若男女，35名の有志が集まりました．斜面の草刈りから作業を開始したところ，鬱蒼とした藪の中には大量のゴミが投げ捨てられていました．この場所が生活道として活用されていたときには，投棄ゴミの問題はそれほど深刻ではなかったようですが，人目に触れることがなくなったことで，ゴミ捨て場と化していたのです．トラックでゴミを運び出し，いよいよ道の整備開始です．もともとこの場所には，急斜面を通る狭い歩道が一つありました．その道を歩きやすいように階段状に整備すること，さらに急斜面を登るのが困難な住民のために緩やかなスロープの坂道を整備すること，合わせて2つの道の整備に取り掛かりました．

　高齢者中心の福浦ふるさと会をサポートしようと，地域住民のほか島内の警察署に勤務する若手の警察官の方々がボランティアとして作業に参加してくれました．事前に加工した間伐材が現場に運び込まれ，いよいよ作業開始です．急斜面

の階段づくりは，一部重機も使用しましたが，大部分は手作業で進めました．掛矢で杭を打ち込み，丸太を並べて，階段の形状を整えていきます．2日間の作業で，急斜面を登るための約70段の階段が完成しました．階段と合わせて，藪化していたエリアには緩やかな傾斜の歩道を整備しました．かつての生活道の再生です．図面を検討していたときに高齢の参加者から「掴まれるようにロープも張ろう」という提案があったため，道沿いに杭を打ち込んでロープの手すりをつくりました．杭打ちの場面では，過去に大工としてはたらいた経歴をもつ高齢の地元住民が大きな力を発揮しました．不安定な姿勢になりながら掛矢を振り下ろす若者たちを横目に，「掛矢はこう使うんだよ」と言わんばかりにブレのない力強い動作で杭を打ち込んでいました．最後に，歩きやすくするために，階段と歩道に粉砕した牡蠣殻を敷設し，2つの道が完成しました（図2）．低地から高台へと上がるための，命を守る道です．

　この道がいざというときに機能するためには，まず道の存在を広く知ってもらい，日常生活の中で活用してもらう必要があります．道を整備した後は，活用の

図2 津波避難道整備の様子（上段：整備前，下段：整備後）

ためのソフト事業に取り組みました．その中で活かされていったのが，地域に伝わるカッパの物語です．福浦ふるさと会が計画した4つのプロジェクト（避難道整備，歴史年表作成，地域の小冊子づくり，地域マップ作成）は，当初は別々の取組みとして企画されていました．しかし，地域づくりの取組みを進めていく中で，「カッパ」が架け橋となり，いろいろなプロジェクトがつながっていくことになります．

　例えば，2013年10月20日に開かれた避難道の完成記念イベントでは，福浦のカッパ伝承に関心をもっていた参加者から「カッパに扮して道の渡り初めをしよう」という提案があり，参加者みんなでカッパのお面を被り，道を練り歩くというパフォーマンスが企画されました．子どもたちも楽しみながら道の完成を祝うことができ，福浦ふるさと会のミッションを次の世代に伝える貴重な機会となりました．

　渡り初めの後には，2つの道の名前を考えるワークショップを行いました．参加者からさまざまな候補が上がり，最後は2つの候補が拮抗しましたが，道は2つあるのだからそれぞれに名前をつけようということになり，急斜面を上がる階段は「カッパの逃げ道」（図2右），緩やかなスロープは，周辺に生息していた山野草に因んで「シャガの散歩道」（図2左）と命名されました．カッパが焦って逃げていく様子が目に浮かぶようです．地域の文化資源を活かすことで，楽しみながら防災意識を高めることにつながるという端緒が得られました．渡り初めと道の命名を機に，文化的要素と防災的要素が融合した安全安心まちづくりのアイデアが広がっていきました．

　地域資源を紹介するマップ制作のプロジェクトでは，避難道の日常的な活用を促す機能を付加するため，さまざまな工夫が組み込まれることになりました．カッパの逃げ道とシャガの散歩道へのルートを紹介するだけでなく，集落の見どころの各地点の標高や，足が悪い高齢者がシルバーカーを押しながら散歩をしたときにかかる歩数や時間などを記載し，日頃からの備えを促しています．ただし，防災マップではなく，あくまでも「福浦おさんぽマップ」（図3）として，さまざまな地域の見どころをめぐりながらまち歩きを楽しむことをすすめており，他地域の住民を対象とした福浦散策ツアーなども実施しました．

　こうした取組みのほか，集落の青年会と「福浦カッパ納涼祭」を企画し異なる世代をつないで親睦を深めたり，避難道のシャガの保全をきっかけに女性の会を

図3　福浦ふるさと会が作成した防災とまち歩きを兼ねた地域マップ

立ち上げて家に引き篭もりがちな高齢者の交流の機会を生み出したり，カッパ音頭の歌と踊りを島内のイベントで披露して福浦での取組みを広く周知したり，福浦ふるさと会が核となり地域づくりの多彩な活動を展開してきました．さらに，他地域とつながりながら取組みを発展させていくために，2017年には「佐渡福浦かっぱ村」として全国組織である「河童連邦共和国」に加盟．2019年には共和国が主催する河童サミットを佐渡に誘致し，自らの手で進める安全安心まちづくりを，全国各地の地域づくりの活動家約100名と共有し議論することを果たしました．

b.　コロナ禍での新たな挑戦

　このように津波避難道の整備を起点として，地域内外の人を巻き込みながら地域づくりの多彩な試みを展開してきたわけですが，2020年に新型コロナウイルス感染症が拡大したことで，残念ながら福浦ふるさと会の活動はほぼすべて止まってしまいます．メンバーのほとんどが70代以上の高齢者であったため，集まって話をすることすらできなくなってしまったのです．2020年度の1年間，

地域活動が何もできずに過ごしたことで，メンバーの多くが活力を失っていきました．楽しい未来を語ることができなくなり，ネガティブな発言も増えていきました．

　地域の人々のこうした変化を見て，活動を止めてはいけないということを，筆者自身が強く認識しました．屋外での活動などコロナ禍でもできることを模索し始めたのですが，世間では感染拡大の波によってさまざまなイベントが中止になったり，延期になったりしている状況でした．当日になるまで開催できるかわからないという状態でイベントを企画しなければならず，負担感が増していました．一方，感染症の流行をきっかけに大学の講義やセミナーなどでオンライン会議システムが活用されるようになり，家に居ながら経験できる学びの可能性が，急激に拡大していきました．物理的距離に関係なく，さまざまな学びの場に参加し海の向こうの人とつながることができることは，特に離島でくらす人々にとって魅力的なことでした．オンラインでの学びの場づくりであれば，新型コロナウイルス感染症の波に翻弄されることなく，着実に積み重ねていけるのではないか．そのように考えて地域の方々に提案したのが，「佐渡福浦かっぱ村大学」というオンライン講座の開講でした．2021～2022 年度の 2 年間，オンラインで防災や福祉に関する学びを積み重ね，やがてパンデミックが明けたときにどんな取組みを地域で展開していきたいか，意見交換を行うことにしました．

　かっぱ村大学では，妖怪伝承と防災の関わり，ハザードマップの活用，避難所運営，健康で生き抜く知恵などについての講義のほか，防災グッズや非常食のワークショップも体験しました．福浦の住民だけでなく，島内外の異なる地域の人々，さらには海外在住者までもが参加した，距離を超えた学び合いの場となりました．災害リスクを軽減するための具体的な工夫のほか，平常時の連携や活動が極めて大切だということを学び，日頃からの継続的な対話や協働が被災時の地域のレジリエンスにつながるという認識を得ることができました．

◆ 6.4　備えるために何が必要か

　本章の冒頭で，「確率的思考」と「受動的思考」という 2 つの思考パターンが，万が一に備えることを躊躇させると述べました．確率的に示される災害予測や，公的機関による避難情報の発信など，本来は被災リスクを回避するためにある仕組や工夫が，逆効果を引き起こしてしまう可能性があります．一方，福浦の安

全安心まちづくりでは，こうした思考に陥ることなく，備えるための取組みを多彩に展開することができました．それはなぜなのでしょうか．福浦の取組みを2つの思考パターンをもとに，振り返ってみましょう．

　まず，受け身の思考を回避するための工夫について考えます．災害対策基本法では，2013年の改定を機に自主防災組織の重要性が明記されるようになり，自分たちのまちを自分たちで守る取組みが推奨されるようになっています．しかしながら，同時にこの基本法が行政主導の防災対策の重要性も謳ってきたことや，現に防災のためのインフラ整備や発災時の支援などで公的機関が担う役割が大きいこともあり，防災という文脈において市民は受け身になりがちであることがこれまでも指摘されています[4]．福浦において市民主導で津波避難道を整備するプロジェクトを立ち上げたときも，近隣住民から「それは行政の仕事ではないか」との批判もありました．避難道を整備した土地は佐渡市の所有物ですし，そこにもともと通っていたはずの道も市が管理してきたものです．したがって，道を整備するのは住民の役割ではないという見方が一般的でした．

　しかしながら福浦ふるさと会では，陳情するのではなく，自分たちで整備することを選択しました．その背景には，安全安心な地域を自分たちの手でつくっていきたいという強い思いがありましたが，そうした思いが高まったきっかけの一つとして，福浦が面している加茂湖で行われていたヨシ原再生の市民工事（2010年開始）があります[5]．福浦の住民の中には，加茂湖でのそうした動きを知って，集落でも同様の市民主導の試みをしてみたいという思いを抱いていた人がいました．また，民が核となり地域を豊かにするための土木事業は「市民工事」や「市民普請」と呼ばれ，国内で注目され始めていたことから[6]，福浦で進めてきたような取組みを支持する外部の声も多く，2013年に開催された eco japan cup において奨励賞を受賞しました．外部からのこうした評価は，住民主導の安全安心まちづくりに対する地域住民のモチベーションを高めることにつながっていきました．

　ただし，地域住民が主体となって津波避難道を整備することへの地域の思いがあったとはいえ，人手や資金が足りない，時間がないなど，事業を進めていく上での難しさはあるはずです．そこで福浦ふるさと会では，そうした状況に陥ることを見据えて，参加者に対して2つのルールを提示していました．

①ナイナイはタブー，小さなことから，一つずつ積み重ねましょう．お金がない，人手が足りない，時間がないなど，やらない理由をつくることは簡単．

②できるだけ多くの人が協働して作業を進め，交流の場をつくりましょう．

こうした話し合いのルールを自分たちで定めることで，ポジティブなマインドセットを維持しようと工夫してきたのです．それは，防災に限らず，地域づくりでは「ナイナイ」の思考に陥ることで何も実現できなくなってしまうことを懸念してのことです．実際にそういうケースは多く，実現したいことがあっても，頭の中でブレーキが作動して，なかなか実現に至らないということはよくあります．福浦の住民主導のプロジェクトを支えてきたのは，自分たちの手で何かを作り上げたいという思いをもっていたことと併せて，ポジティブなマインドセットを高めていくための工夫を意識的に取り組んできたことにあるのです．

さらに，もう一つ大切なこととして，さまざまな領域を掛け合わせながら，自分たちがおもしろいと思うことを追求してきたことも，福浦ふるさと会の活動の発展的展開につながっています（図4）．防災は，すべての人にとって重要なテーマではありますが，人々の関心を喚起するには工夫が必要です．福浦の場合，カッパ伝承という地域資源が，子どもから高齢者までさまざまな人をつなぐ架け橋と

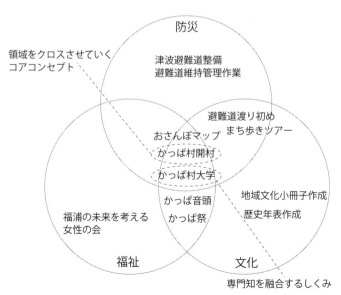

図4 領域を掛け合わせて新たな活動を創造

なり，そのカッパ伝承と防災を掛け合わせることで楽しく個性的な安全安心まちづくりが実現していきました．遊び心豊かな取組みが展開したのも，カッパというシンボルがあったからでしょう．起点となったふるさと見分けのまち歩きワークショップの後，カッパを地域づくりに活かしたいという声が多くの参加者から上がっていました．そうした場で語られた地域の人々の関心を，防災と掛け合わせていくことで，より多くの人が参加できる防災の取組みになったと考えられます．

　では，もう一つの思考パターン「確率的思考」についてはどうでしょうか？佐渡市ハザードマップを見ると，福浦集落の国道より加茂湖側のエリアが，0.3〜1.0 m の津波浸水被害を受ける可能性があることがわかります．ふるさと見分けの参加者が懸念していた通り，低地に居住する人々は，大きな地震が発生した場合，安全な高台へと避難する必要に迫られるかもしれません．では，津波が発生するような地震が起こる確率は，どの程度あるのでしょうか．日本政府の地震調査研究推進本部のウェブサイトによると，佐渡島北方沖でマグニチュード 7.8 程度の地震が 30 年以内に発生する確率は，3〜6％となっています．「30 年以内に 3〜6％」という確率がどの程度のリスクを示しているのか，直感的に理解することは容易ではありません．また，平均活動間隔は，500〜1000 年程度となっており，私たち人類の生涯よりもはるかに長い時間感覚であるため，この数値からリスクを認識することも極めて難しいでしょう．地震は，人間の時間感覚とはかけ離れた，非常に長いスパンで発生します．桁違いに異なる時間スケールからリスクを確率として算出しても，私たちにはよく理解ができず，備える意識の醸成にはつながりづらいという問題があります．30 年以内に 3〜6％という確率から危機感を抱くことは容易ではなく，むしろ「今日は起きないだろう」「自分は被災しないだろう」という安全性バイアス[7]につながる可能性もあります．しかしながら，そもそも福浦ふるさと会のメンバーは，津波が到来する確率や災害発生の予測に基づいて，津波避難道の整備を試みたわけではありません．

　確率には，規模を示すものと（例えば「50 年に一度の豪雨」），可能性を示すものがあります．規模を示す確率は，どの程度の災害を想定してインフラを整備していくかというときに重要な数値として参照されます．そうした確率の算出は必要ですが，災害の可能性について考えるときは，確率ではなくて，「ある」か「ない」かの二択で考えてみることが重要ではないでしょうか．過去に一度でもあっ

た出来事は，再度起こる可能性があるということを認識し，それが明日なのかもしれないという想定のもと，何ができるかを考えていくことが，万が一に備えることにつながるからです．もちろん，そのような認識で災害を捉えたとしても，備えが義務になっていては，活動を発展的に展開することは難しいかもしれません．福浦でそうした備えが進んだ背景には，住民が楽しいと思うことや挑戦してみたいことと，防災というテーマを重ね合わせていったということがあり，さまざまな関心を活かすことで主体的かつ独創的な安全安心まちづくりの活動へと発展していったのです．

◆ 6.5　想定外に備える気候変動時代の到来

　一度起きたことはまた起こる…万が一に備えるためには，確率的思考を克服し，過去にあった災害は将来発生する可能性があると想定して，小さくてもできることを積み重ねていくことが重要だということを本章で述べました．こうした認識をはたらかせていくことでさえ容易ではなく，なかなか万が一への備えは進まないわけですが，気候変動の時代を生きる私たちは，さらに思考を広げていく必要があるかもしれません．すなわち，過去に起きたことがない災害を想定し，前例のないような災害，過去に記録のない気象現象などに備えていくことができるかが問われ始めているといえます．

　雨量が多く，急峻な地形が特徴的な日本では，水害への備えが国土保全の重要な課題でした．さまざまな治水の思想と技術が，長い歴史の中で培われてきました．第5章で紹介されたみつちの伝承（岡山県倉敷市）は，1500年以上の時を超えて伝えられてきた治水の知恵であり，その後もさまざまな河川改修が試みられてきたことに，古代より人間がその場所で氾濫する川と格闘してきたことが示唆されます．各地域での水害の履歴やその中で展開されてきた水害克服の営みから学ぶことは多くあり，歴史を掘り起こす視座は未来の災害を回避する上で重要な気づきをもたらしてくれるはずです．

　一方で，気象災害については，過去から学ぶだけでは対応しきれない変化が起きていることに留意する必要があります．気象現象のスケールや頻度は，劇的に増大しています．巨大化したみつちは，これまでには見たことのないような荒れ狂うすがたを見せており，その動きは予測不可能でもあります．災害の履歴を活かして防災を促進するツールにハザードマップがありますが，2020年の令和2

年7月豪雨における球磨川流域の水害では，ハザードマップが示す被害想定域外で甚大な被害が発生しました[8]．各地に伝わる災害の履歴と，その中で蓄積されてきた治水の工夫が活かされていくことは当然ですが，過去の被害に基づいた対策をしているだけでは災害への備えが十分ではないという事態が生じています．

　予測できないことを前提に想定外のことに備えることは，必ずしも予測を放棄することではありません．第2章で論じられているような，環境条件とその変化の詳細な把握は，データに基づいた対応策の精度を上げていくために不可欠なアプローチです．それと同時に，すべてを予測することは不可能という前提で考えていくことも重要であり，治水の思想を抜本的に変えていく必要性が議論されています．その要として掲げられているのが「流域治水」という概念です．河川管理者の想定に基づく流量コントロールにすべてを委ねる治水ではなく，降雨を面的に受け止めて洪水エネルギーを分散させていく治水こそが，想定外の事態が発生したときのダメージ軽減につながるとの認識のもと，森林や農地の保水機能の維持向上，雨水の貯留，川の特性に応じた土地利用やまちづくりなど，さまざまな方策を組み合わせて災害発生時の人々の安全確保を図ることが重要だとされています[9]．そのためには，水を流す・溜める・とどめるためのハード設備や技術の改善が必要であるとともに[10]，縦割行政の克服や多様な主体の参画など，社会構造の改革も不可欠です．こうした考え方は必ずしも新しいものではありませんが，特に縦割行政の問題はなかなか進んでいないのが現状です．しかし，伝統的なインフラ整備では，そもそも治水と利水を分けて考えるような発想はなく，多面的な価値の追求がなされていたとの指摘もあります[11]．そういう意味で，過去から学ぶことはまだまだ多くあるはずです．

　流域治水は，多様な主体が参画してこそ実現しうる地域づくりです．これまでの水害対策が「国家の自然観」によってなされてきたのだとしたら，今求められるのは「民衆の自然観」であると，河川工学者の大熊孝は指摘しています[12]．日常のくらし，産業，文化，風土の中で生成する民衆の自然観は，極めて多彩であるはずです．そうしたさまざまな自然観が語られる場を構築していくことこそ，地域における流域治水のあり方を模索する第一歩ではないでしょうか．球磨川流域の水害では，高齢者施設が大きな被害を受け，14名の入居者が溺死するという悲惨な事態が発生しました．川が氾濫する危険なエリアに，自力での避難が困難な人が多く入居する高齢者施設を建設したこと自体は大きな問題でしょう．し

かし，もしこうした施設で「民衆の自然観」を活かした備えがなされていたら状況は違ったかもしれません．嘉田由紀子は，施設で被災した高齢者への聞き取りから，多くの方が子ども時代に球磨川でのアユ釣り，ウナギ掴み，渓流泳ぎなどの経験を有していたと指摘しています[13]．地域の川に慣れ親しんだ人たちが犠牲になってしまったのです．こうした地域性を活かして，例えばもし，高齢者施設でも川をフィールドとした健康増進の活動を展開することができていたら，日常的にライフジャケットを活用していたとしたら，被災時に生きながらえることができた高齢者がいたかもしれないと，あくまでも「妄想かもしれないが」という前置きを付して嘉田は述べています[13]．近隣にはラフティングの会社があり，発災時には救助にあたったとのことです．川が福祉の場としても活用されていたら，高齢者施設とレジャー会社との協働関係を平常時から育むことが可能だったかもしれません．

　過去から学びつつ，柔軟な発想で新たな備えを考えていくことの大切さを，こうした指摘から読み取ることができます．日常の必然や楽しみの中に備える工夫を組み込むという考え方は，福浦の事例にも共通しています．想定外に備えるためには，水の恵みとリスクの両方を認識し，確率的思考や受動的思考の呪縛を解き，自分たちでできる取組みを枠にとらわれずに考え実践していくことが重要です．官によるハード整備や制度設計と併せて，民の取組みを多層的に展開することこそ，災害に対する地域のレジリエンスを高めていくことにつながりますが，その際に重要となるのはまさに自然と近い距離でくらしてきた高齢者の存在でしょう．農村部であってもくらしが都市化した現代においては，もはや「民の自然観」も厚みを失いつつあります．異なる世代が会して語り合う対話の促進こそが，災害に強いコミュニティづくりの第一歩になると考えます．

文　献
1)　矢守克也：巨大災害のリスクコミュニケーション，ミネルヴァ書房，2013.
2)　両津市誌編纂委員会：両津市誌　町村編，p.102.
3)　桑子敏雄：方法としての空間学．日本文化の空間学（桑子敏雄編），pp.5-19，東信堂，2008.
4)　片田敏孝ほか：住民の防災対応に関する行政依存意識が防災行動に与える影響．災害情報，**9**：114-126，2011.
5)　高田知紀ほか：法定外公共物の自然再生に向けた「市民工事」の実践とその意義．土木学

会論文集 F5, **70**(2)：56-68, 2014.

6) 土木学会：市民交流 市民普請大賞. https://jsce100.com/shiminbushin/ (2023-10-11 閲覧)

7) 諏訪清二：防災教育の不思議な力, 岩波書店, 2015.

8) つる詳子：瀬戸石ダムと森林の影響を考える. 流域治水がひらく川と人との関係（嘉田由紀子編著）, pp. 42-65, 農山漁村文化協会, 2021.

9) 宮本博司：人命優先の流域治水には地域主権改革が必要. 流域治水がひらく川と人との関係（嘉田由紀子編著）, pp. 190-201, 農山漁村文化協会, 2021.

10) 滋賀県：流域治水の推進に関する条例, 2014.

11) 島谷幸宏・皆川朋子：流域治水から国土の再編へ. 河川技術論文集, **27**：575-578, 2021.

12) 大熊孝：洪水と水害をとらえなおす, 農山漁村文化協会, 2020.

13) 嘉田由紀子：「流域治水」の歴史的背景, 滋賀県の経験と日本全体での実装化にむけて. 流域治水がひらく川と人との関係（嘉田由紀子編著）, pp. 149-175, 農山漁村文化協会, 2021.

7　災害を乗り越えるための地域デザインとは？

〔村山敏夫〕

　災害を乗り越えるためには，災害発生時に住民や地域社会が被害を最小限に抑え，復興を迅速かつ効果的に行うための計画や取組みが重要です．そのためには，災害リスクの評価を含む災害対策の計画を策定し，適切な防災施設の設置，避難計画の策定，地域の脆弱な点の特定，耐震性の向上などを視点においた事前計画が大切です．そして災害後の被災地域の再編成や再建を促進するために，復興計画の策定，インフラの修復，被災者支援の提供，建築規制の見直しなどが必要となります．しかしこれらを円滑に機能させるには人が中心にあることを忘れてはいけません．地域住民や関係者の意見やニーズを考慮に入れ，地域社会全体が災害に対処するプロセスに参加できるよう促すことがデザインの本質と考えています．将来の災害に備えた地域全体の持続可能性とレジリエンスを向上させることが，地域デザインとして求められるということです．災害に対処するために単に建物やインフラを再建するだけでなく，地域社会全体を包括的に捉え，持続可能な復興と将来のリスク軽減を目指す重要なアプローチを本章では考えていきたいと思います．

◆ 7.1　みんなが関われるデザインとは

a.　新潟県中越地震の経験から得た防災教育の重要性

　2004 年 10 月 23 日，新潟県中越地方を震源として発生し，最大震度 7 を記録した新潟県中越地震．その当時のことは筆者も被災者の一人としてよく記憶しています．

　特に印象に残るのが，自動車内に寝泊まりした避難者と静脈血栓塞栓症に関連があることでした．脚などにできた血栓が肺動脈などに詰まると，最悪の場合は死に至ることがあり，飛行機の狭い座席に長時間座っていると発症しやすいことから一般的にはエコノミークラス症候群と呼ばれています．当時，被災地では近所の空き地や学校のグラウンドに集団で避難をしている地域が多く，十分なスペースが確保されずに身動きとれない状況が続くことがありました．これがエコノミークラス症候群を誘発する原因になったわけです．特に高齢者の発症が多いようでした．この中越地震の経験から，2007 年 7 月に発生した新潟県中越沖地

震の際には，被災地でラジオ体操やストレッチなどの運動がエコノミークラス症候群予防の手立てとして積極的に取り入れられることになったのです．

このように，自然災害の発生によって健康への影響が生じることがあります．災害による怪我や病気，感染症の拡大，水や食品の不足などが健康に影響を及ぼす要因となります．適切な対策がなされていない場合，健康へのリスクが高まることがあります．また，災害は身体的な健康だけでなく，心理的な健康にも影響を及ぼします．被災者を取り巻くさまざまな状況がストレスや不安を引き起こし，健康への影響となって現れます．適切な心理的支援が整備されることは，被災者の心理的健康を保つこととなります．健康を守るための予防策の一環として「心と体の健康」を意識した対策をとることが重要です．このように，災害リスクの理解や適切な行動指針を示すための教育活動は，災害時における健康被害を減少させるために不可欠です．また，防災活動は地域社会の連帯を高める機会となります．地域住民が協力して災害時の対応や支援体制を構築することで，結果的には自分自身の健康への影響を最小限に抑えることにつながります．総じて，防災と健康は密接に関連し合い，適切な防災対策が健康の保護に寄与する一方で，健康への配慮が災害対応の一環として重要であるといえます．そのため，本章では防災に取り組むことと健康社会デザインおよび地域デザインについて内容を進めていきます．

地域をデザインするということが，災害時における対応や復旧の段階で効果を発揮し，災害の被害を最小限に抑えることにつながります．継続的に地域を評価および改善することによって，地域全体の防災意識と能力を高めることになります．地域デザインは，災害に対する地域の脆弱性を軽減し，回復力を高めるための計画的なアプローチです．まず，災害リスクを評価し，地域の特性や住民のニーズを理解します．次に，インフラの耐震化や適切な土地利用の促進，防災施設の整備など，地域の強化策を構築します．さらに，住民の参加を促し，地域共同体の結束を高めることも重要です．これにより，住民の自助・共助能力が強化され，災害時における迅速な対応と情報共有が可能となります．

2022年，筆者は学生と一緒に上越市の釜蓋遺跡公園と上越妙高駅隣接のJM-DAWNを会場にしてキャンプイベントを企画しました．これは，新潟大学，上越市役所，丸互株式会社，NTT東日本新潟支店，BSN新潟放送，日本赤十字社新潟県支部，飛田観光株式会社など産官学での体制による「ローカル5G」を活

図1 上越市で取り組んだ防災オンラインキャンプ
参加した子どもたちへ，学生たちが防災飯（アルファ米と非常
食カレー）を配っている場面．

用した「防災教育」を目的とするオンラインキャンプ（図1）でした．ローカル
5Gとは，地域の企業や自治体等が個別に利用できる超高速，超低遅延，多数同
時接続5Gネットワークのことです．普段私たちが携帯電話を使用する際は，通
信事業者による通信サービスを利用します．それに対してローカル5Gは，地域
や企業が主体となって，自らの建物内や敷地内といった特定のエリアで自営の
5Gネットワークを構築・運用・利用できます．このローカル5Gを活用するこ
とによって，産業分野では工場ネットワークの無線化やデジタルデータを活用
したスマートファクトリーが実現に向かいます．医療や教育の分野でもローカル
5Gの長所となる通信品質の安定度，セキュリティ強度，低遅延，電波到達範囲
の広さから，さらなる展開が期待されています．このローカル5Gですが，課題
解決のための社会実装事例が数少ない中，2021年5月に上越妙高駅周辺エリア
に新潟県初となる屋内外型ローカル5Gラボ「スマートテレワークタウン・ロー
カル5Gラボ＠上越妙高」の整備事業がスタートし，先端通信技術の社会実装に
向けて，とても大きな一歩を踏み出しました．そして翌年，具体的な取組みとし
て防災オンラインキャンプを開催したのでした．ローカル5Gを地域の人々が理
解しやすい形でワクワクできる仕組みにすることを目的とし，学生と協力団体と
のミーティングを重ねてまとまったのが，オンラインキャンプです．
　ここでのポイントは以下の3つです．

①ローカル 5G の超高速で低遅延の通信技術をわかりやすく伝える.

②ローカル 5G が災害時に活躍する技術であることを伝える.

③ローカル 5G が子どもたちにとってワクワクする技術であることを伝える.

特に子どもたちがワクワクできる工夫として採用したアイデアは，ドローンなどの技術を導入した防災ゲームでした．また，新潟市と上越市をオンラインでつなぎ，それぞれの地域からそれぞれの会場に参加する子どもたちが，画面を通じてお互いの存在を感じる時間でオンライン特有の感覚が得られるようでした．また，超高画質な画像を双方向で送受信できることで，離れている各会場をとてもクリアに映すことができたのはローカル 5G ならではの環境でした．日本は地震など自然災害の多い国でもあり，災害時に活躍する通信技術であることを伝えるために選んだテーマがまさに防災教育でした.

b. ドローンで文字当てゲーム

この日は一日さまざまな取組みで時間を過ごしたのですが，特に子どもたちが目を輝かせていたのがドローンを活用したゲーム（図 2）でした．上空に飛ばしたドローンから，地上にある A4 サイズの紙一枚一枚に書かれた文字を読んで言葉にするゲームです．通常の通信環境では到底読むことのできない文字も，超高画質の画像を送ることができるローカル 5G ならクッキリと認識できます．それは上越会場であろうが新潟会場であろうが一緒です．子どもたちは一枚の紙に書かれた文字を読みながら，そこからどんな言葉になるのか夢中で答え合わせをしていました.

図 2　ドローンで防災ゲームの様子

ひとしきり文字当てゲームをし終え，次はこれが一体何のためのゲームだった
のかを子どもたちに説明する時間です．もし遭難した人を見つけるとしたら？
もし人がなかなか入り込めない場所で遭難者を探さなければならない状況だった
としたら？　子どもたちはすぐに悟ってくれました．高画質な画像だからこそ地
上の小さな文字を認識できたこと．これを災害時に人を探し出すという場面に置
き換えたらとても重要な技術であること．私たちが伝えたかったことを，子ども
たちにしっかりと受け止めてもらった瞬間でした．

c. ローカル5Gを活用した防災教育

　内閣府の平成26年度版防災白書からは，世界で起きているマグニチュード
6.0以上の地震の18.5％が日本で発生したというデータを見ることができます．
いかに日本が災害大国であるかを，ここからも感じることができます．そして
SDGs17の目標には11番目のゴールとして「住み続けられるまちづくりを」と
あります．災害が発生した際，いかにその被害を減らすかという視点が重要であ
るかということです．そのためには地域全体で，災害に対するレジリエンスを高
める必要があります．そのために，私たちがまず一番に大切だと考えたのが教育
です．自分の身を守る知識と感覚を身につけるための防災教育です．今回は，日
本赤十字社新潟県支部からも協力を得ることで充実した教育プログラムができま
した（図3）．

図3　日本赤十字社との連携による防災教育の様子

d. 災害時に必要となる助け合う力を学ぶチームビルディング

　盛り上がったのはチームビルディングの時間です．内容はドローイングチャレンジと竹ひごタワーでした．ドローイングチャレンジとは，3人が1チームになって，力を合わせて絵を描くというプログラムです．その絵を描くという動作が難しく，3人がそれぞれ人差し指でペットボトルを支え，協力しながらペットボトルをコントロールします．ペットボトルの先にはペンが差し込んであるので，みんなで協力できたなら思い通りの絵が描けるということです．途中，ちょっと言い合いになったりするのもチームビルディングの過程ですが，丸を描いたり三角を描いたり，最後はなんとか猫に見える絵を描いていました．

　もう一つの竹ひごタワーは，文字通り竹ひごを使ってタワーにしていくプログラムです．どれだけチームで協力して高いタワーを作れるかがポイントです．これも見ていて楽しかったですし，すべてが仲間と協力することの大切さにつながると知ったときの子どもたちの表情が印象的でした．

e. みんなで協力する大人のすがたと学生たちの行為主体感

　防災オンラインキャンプの実施は成功で終えることができました．遊んで備えるという考え方があるのですが，まさに普段は遊ぶための技術が，いざというときには防災に転用できるということを地域のみなさんと一緒に認識する機会となりました．そしてもう一つ印象深かったのは，関わってもらったみなさんのすがたです（図4）．学生中心の企画運営なので，未熟なところもありましたが，経

図4 防災オンラインキャンプのステークホルダー

験豊かな大人にうまく導かれました．大人の存在は学生たちにとって何よりも心強かったようです．そして，大変なはずのイベントを笑い合って楽しい時間に変える大人のすがたは，きっと学生たちのこれからに大きく影響を与えたと思います．それこそが，学生たちも最後まで責任感をもって取り組めた理由になりそうです．これらの経験は，学生たちの行為主体感を引き出す機会にもなりました．ここでいう行為主体感とは「自分ごと」として捉えるということです．自分ごととして立ち回る学生の背中は，もしかしたら今回参加した子どもたちには頼もしく大きな背中となって映ったかもしれません．学生は社会人の背中を見て学び，その学生の背中を子どもたちが見て何かを感じる．こういった目には見えない連鎖が，地域をつくり次の時代をつくっていくのかもしれません．

◆7.2　地域と住民をつなぐデザインの考え方

　地域住民の安全と福祉を守るためにも，まず防災のデザインと計画について考えることは重要です．ここでは，地域と住民をつなぐデザインについて，以下の要素に基づきまとめます．

a.　コミュニティへの参画と世代間交流

　防災意識を高めるための地域住民の参加は，防災計画の有効性を高めるためにも不可欠です．住民の意見やニーズを尊重し，地域の個性や文化を理解することで，適切な防災への対策が実現します．地域のリーダーシップによってコミュニティの結束を促進することで，住民は危機に対してともに立ち向かう意識が高まります．また，コミュニティへの参画により，地域住民の災害に関する情報を共有し，意識を高めることにつながります．つまり，多世代の人々が集まり，知識や経験を共有することは，災害への理解の深まりや，コミュニティへの準備と対応能力が向上することになります．さらに，コミュニティの参画は，協力や連帯の意識を醸成し，共同行動を促進します．異なる世代の人々が協力して災害対策や緊急時の行動計画を立てることで，より効果的な防災対策が可能となります．特に高齢者や障害者など，脆弱なグループは災害時に支援が必要となります．世代間の交流を通じて，若い世代が高齢者など脆弱なグループをサポートし，ニーズに応えることができます．また，高齢者や経験豊富な人々が若い世代に対して知恵や経験を伝えることも重要です．防災の知識や文化は，世代間の継承を通じて保護されます．若い世代に災害への理解と対応力を育む機会を提供することで，

持続可能な防災の取組みが可能となり，経験豊富な先人の知識や教訓を次世代に伝えることで，災害への備えと復興力を強化することができます．

　災害時には，コミュニティの結束と支えが非常に重要です．異なる世代が交流し，お互いを支え合うことで，コミュニティ全体の強さと回復力が高まります．特に，若い世代が活発に参画することで，コミュニティの希望と活力を維持できます．コミュニティへの参画と世代間交流は，防災の意識と能力を向上させるだけでなく，社会の結束を強化し，より持続可能な防災文化を築くために重要です．地域の関係者やさまざまな世代の人々が協力し，ともに学び合いながら，より安全で強固なコミュニティを築いていくことが求められます．

b. 自然災害へのリスクアセスメント

　地域の脆弱性とリスクを評価することは，災害発生時の被害を最小限に抑えるための優先事項を特定することにつながります．地域の地形，気候，人口密度などを考慮し，災害リスクマップを作成します．また，過去の災害から得られた教訓を踏まえることで，より効果的な対策が立案されます．

　佐渡市福浦地区では，過去の水害による経験をもとにした福浦おさんぽマップ（6.3節参照）が，地域住民によって作成されています（図5）．このマップは，日常では散歩コースの地図，災害時には避難経路を示しています．

　自然災害へのリスクアセスメントは，特定の地域や施設が自然災害でどれだけのリスクにさらされているかを評価するプロセスです．リスクアセスメントは，

図5　佐渡市福浦地区での防災への取組みについての座談会
地域住民への当時を振り返りながらのヒヤリングの様子．

災害の発生確率や影響の大きさ，被害の程度などを考慮して行われます．リスク
アセスメントの手順として，最初のステップは，特定の地域で発生する可能性の
ある自然災害の脅威を識別し，それらの脅威の特性と発生確率を評価することで
す．地震，洪水，台風など，地域に応じて異なる種類の脅威が考慮されます．次
に，対象となる地域や施設の脆弱性を評価します．建物やインフラの構造的な強
度，耐震性，洪水への耐性などが評価されます．これにより，災害が発生した場
合にどれだけの被害が出るかを予想されるかを理解することができます．そして，
自然災害が発生した場合の影響を評価します．人命への影響，経済的損失，環境
への影響など，さまざまな要素が考慮されます．地域の人口密度や重要なインフ
ラの存在など，地域の特性も考慮されます．脅威の発生確率，脆弱性，影響の評
価を組み合わせて，特定の地域や施設のリスクを計算します．これにより，リス
クの高い地域や施設が特定され，優先的な対策が立てられ，リスクアセスメント
の結果をもとに，災害リスクを軽減するための対策や緊急時の対応策を策定しま
す．建物やインフラの強化，避難計画の作成，警戒体制の整備などが含まれます．

　リスクアセスメントは定期的に実施されるべきです．新たな情報や技術の進歩
に基づいて，評価や対策が更新される必要があります．リスクアセスメントは地
域や施設の防災計画や都市計画の基礎となる重要なプロセスです．専門知識や
データの収集が必要なため，専門家や地域の関係者との協力が重要です．

c. マルチステークホルダーの協力

　地域の防災計画には，自治体，救急機関，学校，NGO，民間企業など，多く
の利害関係者が含まれます．これらのステークホルダーが協力して一体となった
対応ができるよう，協力体制を築く必要があります．異なる組織や機関が情報共
有や資源の共有を行い，協力体制を強化することで，地域全体の抵抗力が向上し
ます．

　防災におけるマルチステークホルダーの協力は，以下のような重要な役割を果
たします．

- 統合的なアプローチ：マルチステークホルダーの協力により，防災活動は異
なる分野や組織の専門知識とリソースの統合が可能となります．行政機関，
地域住民，非営利団体，民間企業などの利害関係者が協力し，情報共有や連
携を通じてより効果的な防災戦略を策定し，実施できます．
- リソースの最適化：マルチステークホルダーの協力により，防災に必要な人

的，物的，財政的なリソースをより効果的に活用できます．各ステークホルダーがもつ専門知識や経験を組み合わせることで，リソースの浪費を減らし，効率的な防災施策を実現できます．

- 早期警戒と迅速な対応：マルチステークホルダーの協力により，早期警戒システムや情報ネットワークの構築が可能となります．専門家，研究機関，行政機関，地域住民などが連携し，災害発生の兆候を監視し，情報を共有することで，迅速な対応や避難計画の立案が可能となります．
- リスク軽減と予防策の実施：マルチステークホルダーの協力により，地域の脆弱性やリスク要因を特定し，それに対応するための予防策や対策を実施できます．関係者の連携と協力により，適切な土地利用計画や建築基準の策定，緑地の保護など，より持続可能な防災施策を実現できます．
- 持続的なコミュニティの構築：マルチステークホルダーの協力は，防災のための持続可能なコミュニティの構築にも寄与します．地域住民，企業，行政機関などが協力し，防災意識の向上や能力の強化，コミュニティの結束力の向上などを実現できます．

マルチステークホルダーの協力は，単一の組織や個人だけでは難しい防災の課題に対して，包括的なアプローチを可能にします．異なる関係者が協力し，共通の目標に向けて取り組むことで，より強力な防災体制を構築し，地域の安全と持続可能性を向上させることができます．

d. インフラと建築の耐震化

地域のインフラや建築物の耐震化は，地震や洪水などの自然災害に対する有効な対策です．防災デザインは，地域全体の耐震性向上を目指すべきです．また，新たなインフラや建築物の設計においても，耐災害性を考慮したデザインが必要です．災害が発生しても最小限の被害で済むような施策をとることで，地域の復興や再建が迅速かつ円滑に進むでしょう．

地域と地域住民をつなぐデザインの考え方は，単に災害対策だけでなく，地域全体の健康や福祉を向上させるための総合的なアプローチを提供します．地域住民の参画と協力を得ながら，地域の特性に適した対策を実施することで，より安全で健康的な社会を築くことが可能となります．

◆7.3　健康社会に向けたコンテクストの共有

　健康社会の構築には，地域のコンテクストを共有し理解することが重要です．
健康社会のコンテクスト共有を以下の視点でまとめました．

a.　健康格差の理解

　地域にはさまざまな人々がくらしています．経済的，文化的な要因により，健
康格差が生じることがあります．これを理解し，誰もが健康な生活を送る機会を
確保するための対策が必要です．例えば，高齢者や障害者，経済的に困難な家庭
に対して特別なサポートを提供することで，社会的な公正を実現します．

b.　公衆衛生インフラの整備

　健康社会を築くためには，公衆衛生インフラの整備が欠かせません．地域の健
康社会を支えるためには，清潔な水道施設，適切な廃棄物処理，衛生的な環境整
備などが必要です．これらの基本的なインフラが整備されることで，感染症の拡
大を防止し，住民の健康を守ることができます．

c.　予防医療の重要性

　健康社会の実現には，予防医療の普及が不可欠です．予防接種や定期健康診断
など，疾病の予防と早期発見を促進する取組みが必要です．予防医療は，後戻り
の効かない状態に至る前に疾病を予防することで，住民の健康を保つと同時に医
療費の削減にも寄与します．

d.　健康教育の普及

　健康に関する正確な情報を地域住民に提供するために，健康教育の普及が重要
です．生活習慣や食事，運動の重要性を理解し，健康への意識を高めることが目
指されます．健康教育は，子どもから高齢者まで，幅広い世代に対して行われる
べきです．

e.　社会的サポートの充実

　健康社会の構築には，社会的なサポートの充実も欠かせません．特に高齢者や
障害者，孤立している人々に対して，適切なサポートを提供することで，社会的
な孤立を解消し，精神的な健康をサポートします．地域コミュニティやボランティ
ア活動が，このようなサポートの充実に貢献します．

f.　健康的な環境整備

　健康社会に向けては，健康的な環境整備も重要です．公共スペースや自然環境

図6 村上市荒川地区の空き家対策と人とのつながり

の整備を行い，住民が健康的なライフスタイルを送りやすい環境を提供します．例えば，遊び場や運動施設の整備，自然公園やグリーンスペースの増加などがあげられます．新潟県村上市金屋地区や荒川地区では空き家を活用した世代間交流の場所があります（図6）．子どもや大人が集える場所を地域住民が主体となって運営しています．

　健康社会に向けたコンテクストの共有は，地域住民の健康と幸福に直結する重要な要素です．地域のリーダーシップが健康格差や社会的ニーズを理解し，公衆衛生インフラの整備や予防医療の普及に努めることで，地域全体の健康水準を向上させることが可能です．

◆7.4　GNH から捉える健康社会デザイン

　GNH（gross national happiness）は，国民の幸福と繁栄の度合いを測る指標であり，健康社会デザインに新たな視点をもたらします．GNH から捉える健康社会デザインの要点を詳細に探ってみましょう．

a.　経済成長だけでない指標

　GNH は，国民の幸福を測る指標として経済成長だけでなく，精神的・社会的な幸福や環境の健康も含んでいます．従来の GDP（国内総生産）による評価だけでは，社会の健康や幸福に対する側面が見落とされがちですが，GNH は総合

的な視点をもちます．

b. 精神的な幸福と社会的つながり

GNH は，物質的な豊かさだけでなく，個人の精神的な幸福や社会的なつながりを重視します．健康社会デザインでは，地域住民の心の健康やコミュニティの結束を促進することが重要となります．心の健康は，ストレスや孤独感などの心理的負担を軽減し，生活の質を向上させる要素です．社会的なつながりは，地域住民がお互いを支え合い，共感し合うことで生まれる絆です．このような絆があることで，災害時や困難な状況においても地域の協力体制が強化され，対応力が向上します．

c. 環境の健康と持続可能性

GNH は，環境の健康や持続可能性も重要な要素として位置づけています．健康社会デザインでは，地域の自然環境を保護し，資源の持続的な利用を促進することが求められます．環境への配慮は，地球の未来を守るだけでなく，地域の住民の健康にも密接に関連しています．清潔な環境や自然の恵みを享受することで，住民の健康と幸福が増進されます．

d. 社会的公正と平等

GNH は社会的な公正と平等を重視します．健康社会デザインでは，弱者やマージナルなグループのニーズに配慮し，誰もが平等な機会をもつことが目指されます．差別や貧困が少ない社会においては，すべての住民が自分の健康と幸福に責任をもち，社会全体の発展に貢献できる環境が形成されるでしょう．

e. 健康と幸福の相互関係

GNH は，健康と幸福が相互に関連しているという考えに基づいています．健康社会デザインでは，健康な状態を維持することで幸福が増進し，逆に幸福な状態が健康をサポートする循環が重要となります．例えば，健康な生活習慣やストレスの適切なコントロールが，幸福感を高めることに寄与します．一方で，幸福な心境やポジティブな感情は，免疫力の向上や病気への抵抗力を高める助けとなります．

GNH から捉える健康社会デザインは，単に疾病の治療だけでなく，地域全体の幸福と繁栄を考慮した総合的なアプローチを提供します．地域住民の幸福感を向上させるためには，個人レベルから地域レベルまでの幅広い側面を考慮し，持続可能な社会づくりに取り組む必要があります．次に，持続可能な社会づくりと

ラポールの形成について見ていきましょう.

◆ 7.5　持続可能な社会づくりとラポールの形成

　持続可能な社会づくりとラポールの形成は，地域の防災と健康社会デザインにおいて重要な要素です．ここでは，その重要性，および具体的な手法について考えます.

a.　持続可能な社会づくりの重要性

　持続可能な社会づくりは，地域住民のニーズを満たすだけでなく，将来の世代のニーズを損なわないような社会を築くことといえます．また，地域資源の持続的な利用や環境保護，社会的な平等の実現などが含まれます．健康社会デザインにおいても，地域の課題に対する長期的な解決策を考えて，持続可能な社会づくりに取り組むことが必要ですし，単なる災害対応や緊急時の対応にとどまらず，災害の原因となる根本的な問題に取り組むことを意味します．持続可能な社会づくりでは，環境への配慮や気候変動対策，社会的・経済的な脆弱性の低減などが重要な要素となります．これにより，将来的な災害リスクを軽減し，社会の持続的な発展を実現できます．また，地域の社会的な結束と共同行動を促進します．地域住民や各関係者が協力し，持続可能な開発目標を共有することで，防災のための統合的なアプローチを実現できます．これにより，災害時の効果的な情報共有や協力体制の構築が可能となります．さらに，地域の防災能力を強化し，迅速な復興を実現するための基盤を整えます.適切なインフラストラクチャーの整備，災害リスクに対する意識と知識の普及，適切な避難計画や危機管理体制の確立などが含まれます．これにより,災害発生時に迅速かつ効果的な対応が可能となり，社会の回復力が高まります．環境保護と資源の持続可能な利用も重視されます.自然環境の保護や生態系の回復，再生可能エネルギーの利用などが重要な要素でありこれにより，自然災害による環境への影響を最小限に抑えるとともに，資源の有効活用と循環型経済の促進が可能となります．持続可能な社会づくりは，災害のリスクと社会的・経済的な不平等の問題に向き合います．社会正義の追求と包摂的なアプローチにより，弱者など脆弱なグループの保護や参画を促進し，誰もが安全で持続可能な社会の一員として参加できる環境を創り出すことが重要です.

　持続可能な社会づくりは，単なる防災だけでなく，人々の生活や社会全体の発

展においても不可欠です．防災の観点からこれを推進することで，より安全で強固な社会を築き，将来の災害に対してもより強力に対応できます．

b. ラポールの形成とコミュニケーション

ラポールとは，人と人との間に信頼と協力を築くための親密な関係性のことを指します．地域の防災や健康社会デザインにおいては，地域住民と関係者との間でオープンなコミュニケーションと協力体制を築くことが重要です．ラポールの形成は，地域の課題解決において不可欠な要素であり，信頼関係の構築を通じてより効果的な持続可能な社会づくりを実現します．

c. 地域リーダーシップの強化

地域リーダーシップを強化することは，持続可能な社会づくりにとって重要です．リーダーは地域の課題を理解し，住民との共感と連携を図ることで，信頼を構築する役割を果たします．地域リーダーは地域の持続可能な発展をリードし，住民が共感し，参画できる環境を創り出すことが求められます．

d. 地域住民の参画と教育

持続可能な社会づくりにおいては，地域住民の参画が欠かせません．地域住民に対して防災教育や健康に関する情報を提供し，自らの健康や安全を守る力を高めることが重要です．住民が自らの問題を認識し，意見を述べる場を提供することで，地域全体の視点を反映させた持続可能な社会づくりが進みます．

e. パートナーシップの構築

持続可能な社会づくりや防災においては，行政機関，民間企業，NGOなど多様なパートナーとの連携が必要です．これらのステークホルダーが共通の目標に向けて協働することで，地域の課題解決に寄与します．パートナーシップの強化によって，リソースの有効活用や専門的な知識・技術の活用が可能となり，地域の課題に対する総合的な対応が実現します．

f. ラポールの重要性

ラポールは危機管理や災害対応においても重要な役割を果たします．信頼のある関係が築かれている場合，情報共有や協力がスムーズに行われ，災害発生時の対応が迅速かつ効果的になります．また，ラポールの存在は住民の自発的な参画を促進し，地域の結束力を高めることが期待されます．

持続可能な社会づくりとラポールの形成は，地域の安全と福祉を向上させるための重要な手段として捉えられます．地域住民との協力と信頼を築きながら，地

域の特性やニーズに合った対策を実施することで，より安全で健康的な社会を築くことが可能となります．

◆ 7.6　災害時における許容とエンゲージメント

　地域の防災と健康社会デザインにおいて重要な要素である，災害時における許容とエンゲージメントの意義や具体的な手法について詳しく探求してみましょう．災害時には予期せぬ状況に遭遇することがあります．災害時における許容とは，予期せぬ状況のストレスや苦難を冷静な判断で乗り越える力を指します．地域住民が許容力をもつことで，自己防衛能力が高まり，災害の影響を最小限に抑えることができます．

a.　適切な情報共有

　災害時には正確で適切な情報が必要です．地域住民に対して適切なタイミングで正確な情報を提供することで，冷静な対応が可能になります．また，住民からの情報提供も受け入れる姿勢を示すことで，地域全体の危機管理が改善されます．

b.　災害対応の計画と訓練

　地域の防災計画と訓練は，許容力を高める上で欠かせない要素です．災害対応においては，事前に計画を立て，訓練を行うことで地域住民の許容力を強化します．定期的な防災訓練やシミュレーションを通じて，災害時の適切な行動や判断力を身につけることが重要です．訓練によって住民が自信をもち，冷静に行動できるようになることで，被害を最小限に食い止めることができます．

c.　ネットワークの形成と地域コミュニケーション

　災害時において，地域内のネットワークが重要な役割を果たします．地域住民同士が連携・協力しながら災害対応に当たることで，効果的な支援が可能となります．地域コミュニケーションの強化は，地域全体の連携を促進し，信頼のある関係を築くことにつながります．

d.　住民のエンゲージメント

　災害時において，地域住民の積極的なエンゲージメントが災害対応において非常に重要です．地域住民自らが災害に対してどのような行動をとるべきかを理解し，その対策に参加することで，地域全体のリーダーシップが強化されます．住民のエンゲージメントは，危機的状況においても自主性を発揮し，迅速かつ適切な行動をとれるようにします．

e. 統合的な災害対応

　災害時には，異なる組織や機関が協力して統合的な対応が求められます．地域の防災計画においては，行政機関，救急機関，警察，ボランティア団体などとの連携を図り，災害対応の一体性を確保することが重要です．また，地域住民自身が統合的な災害対応に参加することで，地域の抵抗力が向上します．発災後も，地域の許容とエンゲージメントは重要な役割を果たします．被災者や避難者のニーズに応えるだけでなく，復興支援を含む継続的な支援を提供することで，地域住民の希望と回復力をサポートします．

　災害時における許容とエンゲージメントの強化は，地域の安全と福祉を守るために欠かせない要素です．地域住民が訓練を通じて許容力を養い，エンゲージメントをもつことで，災害対応の効果が向上し，地域全体の回復力が高まるでしょう．

8 被災後の生活再建を助ける法律とは？

〔岡本　正〕

　大規模な自然災害による被害とは何でしょうか．尊い命の犠牲，住まいや事業所等の破壊，電力等公共インフラの断絶…凄惨な情景を私たちはまず想像することでしょう．しかし被害はそれにとどまりません．「自宅も職場も津波で流された．夫は行方が知れず，私と子どもは着の身着のままで高台に逃れ，今は避難所にいます．住宅ローンと個人事業のローンが数千万円残っています．生活費も十分な貯蓄はありません．ローン，公共料金，学費や事業経費の支払いは絶望的…．家の再建をしなければならないのですが，何もかも，どうしたらよいのか途方に暮れています…」．将来のお金やくらしに関わる想像を絶する困難が，災害直後から被災者に襲いかかるのです．ここから生活再建に向けて一歩を踏み出す助けとなる心強い味方が，実は「法律」です．過去の被災者の生の声をもとに，将来起きる災害のために今から「知識の備蓄」とすべき法制度や，「被災したあなたを助けるお金とくらしの話」の防災教育の展開手法について学びを深めていきましょう．

◆ 8.1　生活再建フェーズの新しい防災教育

　防災教育というとどのようなイメージをもつでしょうか．多くの方がイメージするのは，自然災害の物理的脅威から生き残ることを目的としたサバイバル技術

図1　生活再建フェーズの「知識の備え」の防災教育[4]

としての防災教育ではないかと思われます．しかし，防災教育の中には，被災した者を支援するための知恵を備えたり，自ら生活を取り戻し生き抜くための知恵を備えたりする「知識の備え」の防災教育も必要になるのです．災害後に被災者を襲う，将来のお金やくらしに関する絶望的ともいえる不安や困難を克服する知恵こそが法律です．図1は，災害発生時から復興・復旧期における知恵を学ぶ各フェーズの防災教育について，時系列に応じて①命を守るための防災教育，②生き延びるための防災教育，③生活再建のための防災教育，④事業再生のための危機管理教育として表したものです．③生活再建のための防災教育もまた，助かった命をつなぐ重要な防災教育なのです．

◆ 8.2　被災地のリーガル・ニーズを把握する

　被災者が抱える困難の中には，法律に基づく制度による支援を受けることで困難の軽減や悪化防止につながるものがあります．「災害復興法学」の分野では，それをリーガル・ニーズと呼んでいます[1]．リーガル・ニーズは，ただちには目に見えず数値でもなかなか表し難いものです．2011年3月11日に発生した東日本大震災では，弁護士が日本弁護士連合会や都道府県の各弁護士会等を通じて，災害直後から被災者に実施してきた無料法律相談の際に作成した，約1年間で4万件を超える膨大な相談票の内容を，約20類型に分類して傾向分析を行ってグラフ等を作成することで，リーガル・ニーズの視覚化を実現しました[1]．

　図2は，東日本大震災から約1年間における宮城県石巻市の被災者のリーガル・ニーズの傾向です．また，表1は，弁護士が被災者に実施した無料法律相談事例の分類項目とその概要です．これによれば，災害後の被災者のリーガル・ニーズとしては，「不動産賃貸借（借家）」（18.0％），「住宅・車・船等のローン，リース」（10.3％），「震災関連法令」（18.4％），「遺言・相続」（19.5％）といった内容が，非常に高い割合になっていることがわかります．石巻市は，人口16万人を超える東北沿岸の都市で，水産加工団地や大規模工場も港湾に林立していました．東日本大震災でそれらは壊滅的な打撃を受け，中心市街地も津波被害を受けました．石巻市全体では直接死者だけでも3200名以上で，全壊住家は2万棟を数えます．あらゆる被災態様と悲惨な情景がそこにはありました．それらを反映するかのように，リーガル・ニーズもまた多くの分野で異常なまでに高い割合を示したのです．

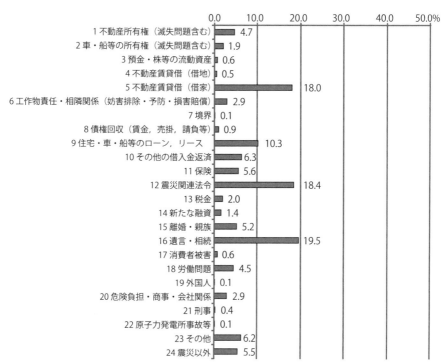

図2 東日本大震災から約1年間の石巻市のリーガル・ニーズの傾向（各法律相談内容の分母はそれぞれ n = 3481）

　例えば，住宅ローンを支払えない被災者の相談内容が全相談の10%以上になっています．既存の住宅ローン，車のローン，奨学金，その他個人事業ローン等が災害の影響によって支払えなくなってしまったというのが主な相談内容です．このとき法律上の破産手続きを選択した場合には，信用情報登録（ブラックリスト登録）されて将来借り入れができなくなってしまったり，連帯保証人に請求がいくことが避けられなかったり，原則として不動産資産を換価して手放さなければならなかったりします．そのため，破産手続きによる救済すら受けられない被災者も多数に上りました．財産は失われ，毎月の支払いにも困窮しているのに破産もできないという，八方塞がりに陥った悲痛な声が，災害直後から被災地を埋め尽くしていたのです．このような住宅ローンに関する相談の多さは，石巻市の住宅全半壊率の高さに影響されたものと分析できます．

表 1 リーガル・ニーズの分類項目とその内容（日本弁護士連合会「東日本大震災無料法律相談情報分析結果（第 5 次分析）」2012 年 10 月から抜粋し再構成）

番号	分類名	内容
1	不動産所有権（滅失問題含む）	・主として土地及び建物の毀損に関する所有権問題，滅失登記や権利証の紛失等を分類． ・滅失等した住宅のローンの問題については「9」に分類． ・毀損した不動産による近隣土地所有者等との損害賠償，妨害排除請求権等の問題については「6」に分類． ・毀損した住宅等に対する行政給付の問題については「12」に分類． ・新築建物完成後引き渡し前，不動産売買契約後引き渡し前の目的物滅失による危険負担に関する問題については「20」に分類．
2	車・船等の所有権（滅失問題含む）	・主として車・船舶等の毀損に関する所有権問題，保管中の車の損壊をめぐる損害賠償問題等を分類． ・滅失した車・船舶のローン，リースについては「9」に分類． ・車等の損害保険については「11」に分類．
3	預金・株等の流動資産	・預金通帳，有価証券等の滅失等の問題を分類．
4	不動産賃貸借（借地）	・土地の賃貸借契約に関する問題を分類．
5	不動産賃貸借（借家）	・建物の賃貸借契約に関する問題を分類．
6	工作物責任・相隣関係（妨害排除・予防・損害賠償）	・土地建物の損壊による工作物責任（損害賠償）問題，集合住宅の水漏れ等に関する損害賠償問題，その他相隣関係等の問題を分類．
7	境界	・境界の損壊に関する費用負担，境界の確定等の問題を分類．
8	債権回収（貸金，売掛，請負等）	・債権回収に関する問題を分類．
9	住宅・車・船等のローン，リース	・住宅・車・船舶のローン，リース等に関する問題を分類．
10	その他の借入金返済	・「9」以外の借入金に関する問題を分類．
11	保険	・損害保険（火災保険，地震保険，自動車保険），生命保険，共済等に関する問題を分類．
12	震災関連法令（公益支援・行政認定等に関する法解釈等）	・被災者生活再建支援法，生活保護の受給，災害救助法等の震災関連法令の適用・法解釈，義援金の受領，仮設住宅や行政の各種認定に関する法解釈に関する問題等を分類．
13	税金	・税金に関する問題を分類．
14	新たな融資	・新たな融資制度，融資に関する震災関連法令の適用，解釈等に関する問題を分類．
15	離婚・親族	・震災に関連する親族間の問題，後見制度等に関する問題等を分類．
16	遺言・相続	・遺言，相続，失踪宣告，認定死亡制度等に関する問題を分類．
17	消費者被害	・震災に関連する消費者被害に関する問題を分類．
18	労働問題	・雇用契約に関する労使の問題，雇用保険等の問題を分類．
19	外国人	・外国人特有の問題を分類．
20	危険負担・商事・会社関係	・会社及び事業者等に特有の問題，売買契約における目的物の滅失等に際しての危険負担の問題等を分類．
21	刑事	・刑事事件に関する問題を分類．
22	原子力発電所事故等	・原子力発電所事故等に関する問題を分類．
23	その他	・「1」〜「22」には，直ちに該当しない相談内容を分類． ・例えば，住宅に付随する給湯器の損壊に関する問題等を分類．
24	震災以外	・震災とは無関係あるいは関係が希薄な相談内容を分類．

もう一つ注目したいのは,「震災関連法令」に分類された相談の多さです.住まいを失い,収入もなくなり,それでも生活を続けるためには,お金や住まいに関する支援が不可欠です.その根拠となる法制度があるなら,その知識こそ被災者にとって不可欠であり,支援者(行政機関のみならずさまざまな専門家や民間支援者を含む)にとっても知っておくべき知識です.しかし,災害時に利用できる制度のほとんどは,いまだ国民的教養としては浸透していません.そこで,被災者に役立つ公的支援に関する情報提供や手続き支援が弁護士らにも求められたのです.裏を返せば行政機関が被災者に必要な支援情報を届けられていないこと,被災者自らの力だけでは必要な支援を知ることも適切に利用することもできなかったことの現れといえます.

　そのほか,石巻市の人口における死者・行方不明者率の高さが,家族からの相続に関する相談のリーガル・ニーズを高めています.都市部への被害はそこにある賃貸物件にさまざまな被害を与え,一部損壊や半壊程度の住宅が全壊住宅以上に出現します.そのような賃貸物件でこそ,賃貸人と賃借人との間に,修繕義務や退去明渡等をめぐるさまざまな契約トラブルが起き,無数の紛争を発生させているのです.

◆ 8.3　災害後に私たちを助けてくれる法律

　被災者が生活再建へと歩み始めるときに,それを助けてくれる法制度には何があるでしょうか.特に事前に防災教育として学び「知識の備蓄」としておくべき制度について簡単に解説します.各制度についてのもう少し詳しい内容については『被災したあなたを助けるお金とくらしの話 増補版』等を参照してください[2].留意しておかなければならないのは,多くの支援は被災者や関係者から行政機関等の窓口に申請を行うことではじめて支援が提供されるという申請主義が採用されていることです.被災者自ら制度を熟知した上で,行政機関等へ具体的な手続きの申請行動を起こさない限りは支援を受けることができないのです.だからこそ,被災後に役立つ法制度の知識を事前に学ぶ「被災したあなたを助けるお金とくらしの話」の防災教育の展開が必要になるのです.

a.　罹災証明書

　災害対策基本法90条の2に定められている,被災した住家の被害程度(全壊,大規模半壊,中規模半壊,半壊,準半壊,一部損壊)等を証明するものです.市

町村は被災者からの申請に対して罹災証明書を発行する法的義務を負っています．被災者が受けられる支援を区分したり，ほかの公的支援や民間事業者の支援においても参照されたりすることがあります．被災者にとっては行政との最初のつながりにもなるため，被災後の絶望の中，最初の一筋の希望としての意義があるといえます．

b. 被災者生活再建支援金

被災者生活再建支援法に基づき，一定規模の災害（10以上の世帯の住宅が全壊する被害が発生した市町村の区域に係る当該自然災害など）の場合に，市町村単位や県単位で適用され，全壊，大規模半壊，半壊後やむをえず解体，長期避難世帯認定といった著しい住宅被害を受けた世帯へ支払われる給付金です．基礎支援金と加算支援金があり，合計で最大300万円です．基礎支援金の使途に制限はありません．例えば全壊住宅の場合は基礎支援金が最大100万円で，その後自宅を再築する場合に加算支援金が200万円支払われます．

c. 災害弔慰金・災害障害見舞金

災害弔慰金の支給等に関する法律に基づき，一定規模の災害があった場合に亡くなった被災者の遺族（配偶者，子，父母，孫，祖父母の誰か．それらの者がいない場合は死亡した者と同居していたか，生計を同一にしていた兄弟姉妹）に対して，250万円または500万円の災害弔慰金が支払われます．また，一定規模の災害で重度の障害を負った被災者には125万円または250万円の災害障害見舞金が支払われます．

d. 自然災害債務整理ガイドライン（被災ローン減免制度）

災害救助法が適用される大規模災害の影響によって，住宅ローンなどの既存ローンの返済ができなくなった個人（個人事業者を含む）が，一定条件のもとに金融機関と債務減免について，裁判所の特定調停手続きを利用して合意するためのガイドラインです．破産手続きのような信用情報登録がなく，連帯保証人への請求もなく，登録支援専門家弁護士の無償のサポートを受けられ，平時の破産手続きよりも相当多くの現預金等を手元に残した上で，それ以外の財産で支払いができない債務を免除できます．法律上の制度ではないものの，東日本大震災をきっかけに弁護士らの提言から誕生し，金融機関が遵守すべき準則として位置づけられています．個人で債務支払いに困っている場合は，まずもってこの制度の利用の是非を弁護士の無料法律相談などで確認することが必要です．

e. 弁護士会の災害 ADR

ADR（alternative dispute resolution）とは，裁判外紛争解決手続きのことで，裁判所の訴訟手続きによらずに当事者間の話し合いで紛争解決を目指すための仕組みです．行政機関や民間支援団体等が中立の立場で仲裁，調停，あっせんなどを行います．災害があったときに被災者のために都道府県の弁護士会が実施することがあるのが災害 ADR です．賃貸借契約等の契約紛争をめぐる争いでは特に親和性が高く解決実績も豊富です．2020 年以降の新型コロナウイルス感染症をめぐる紛争についても複数の弁護士会が災害 ADR を実施し，中にはオンライン会議システムを利用する弁護士会も登場しました．

◆ 8.4　被災者支援の切り札「災害ケースマネジメント」

災害ケースマネジメントとは，申請主義のために支援から漏れてしまう被災者が数多くいたという問題を克服するために，被災地に関わる現場の創意工夫と壮絶な努力の積み重ねで誕生した被災者支援のメソッドです．内閣府「災害ケースマネジメント実施の手引き（令和 5 年 3 月）」では「被災者一人ひとりの被災状況や生活状況の課題等を個別の相談等により把握した上で，必要に応じ専門的な能力をもつ関係者と連携しながら，当該課題等の解消に向けて継続的に支援することにより，被災者の自立・生活再建が進むようマネジメントする取組」であると説明されています．被災者の抱える悩みは多種多様であり，一つの制度での一律対応ではなく，一人ひとりの事情に応じた支援を行う必要があること，自ら支援の申請ができない被災者のために訪問や見守りによるアウトリーチ支援を行う必要があるという点がポイントです．2023 年 5 月 30 日に改訂された中央防災会議「防災基本計画」ではじめて国や自治体による被災者支援の基本方針として，この災害ケースマネジメントが明記されるに至りました．

災害ケースマネジメントが必要とされる理由について，ここでは情報整理提供支援の重要性の観点から説明します．図 3 は，災害後に行政機関等から発信される支援情報が「伝わらないメカニズム」と，それを克服するために専門家等が「情報提供ルートを複線化」して一人ひとりにアウトリーチした上で寄り添って申請支援や相談活動を行うべきであることを模式図にしたものです．図の中央の矢印にあるように，災害時には法律を運用する政府機関（各府省庁の担当部局）から通知や事務連絡の形式で災害時特有の情報が無数に発出されます．裏を返せば災

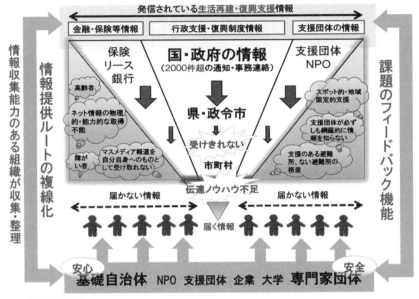

図3　支援情報が伝わらないメカニズムとそれを克服する情報提供ルートの複線化[1]

害に備えて，国は法律や運用指針を用意しているということです．しかし，あまりに数が多いので（東日本大震災では発災から半年で約2000通の災害特有の通知・事務連絡が発信されました），都道府県や市町村など現場に近くなればなるほど捌ききれなくなります．行政のウェブサイトや自治体のお知らせに情報が掲載されていたとしても，そのような発信行為だけにとどまらず，情報が実際に被災者へ届いて，理解され，利用されているか（申請されているか）どうかまでをフォローしきることは，行政機関やマスメディアの力では手が回らないのが実態です．そこで，被災地の行政機関はもちろん，民生児童委員，自主防災組織，ボランティア組織，社会福祉士，社会福祉法人，ケアマネージャー，相談支援専門員，生活困窮者自立相談支援機関，福祉サービス事業者，居住支援法人，弁護士，司法書士，ファイナンシャルプランナー，建築士，宅建業者，不動産鑑定士，土地家屋調査士，賃貸人関係団体，建設関係者，研究者等有識者など，ここに記述しきれない者を含めたあらゆる主体が，多士業・多職種連携を行い，被災者に必要な情報を整理した上，一人ひとりへ確実に伝達し，相談に応じ，支援を確実に利用してもらえるよう寄り添っていくことが必要になるのです．

◆8.5 人間の復興が組織や地域の強靱化につながる

　被災者のリーガル・ニーズを把握し（予測し），多士業・多職種が連携する災害ケースマネジメントの手法で被災者支援を行うことは，個人やその家族の生活再建や経済再生のみに関わるものではありません．個人の生活再建を支援することは，組織の事業継続の担い手（個人）が，将来の生活再建を見通して安心できる環境を整えるということでもあり，地域コミュニティが活気を取り戻す前提条件ともいえるからです．先に人間の復興があってはじめて組織や地域のレジリエンス（強靱さ）は確保されるのです．災害後にあっても企業，各種団体，行政機関などの組織は，事業や業務を継続していかなければなりません．そのために「事業継続計画（業務継続計画）」（BCP）を策定しておくことがあらゆる事業者に求められています．

　BCP については，内閣府は「災害時に特定された重要業務が中断しないこと，また万一事業活動が中断した場合に目標復旧時間内に重要な機能を再開させ，業務中断に伴う顧客取引の競合他社への流出，マーケットシェアの低下，企業評価の低下などから企業を守るための経営戦略．バックアップシステムの整備，バックアップオフィスの確保，安否確認の迅速化，要員の確保，生産設備の代替などの対策を実施する（Business Continuity Plan：BCP）．ここでいう計画とは，単なる計画書の意味ではなく，マネジメント全般を含むニュアンスで用いられている．マネジメントを強調する場合は，BCM（Business Continuity Management）とする場合もある．」と説明しています．

　この経営戦略やリスクマネジメントには，職員個人の生活再建へのケアも含まれなければなりません．例えば中小企業や小規模事業者において，事業の要となる職員の自宅や家族が被災して避難所でくらしているとします．自宅の再建が不可欠だとしてもその見通しや資金援助にまったく目途が立たない状況であれば，果たしてその職員は平常心で会社に出勤し，いつも通りの重要な職種を担うことができるでしょうか．高度危険産業に従事している人であればどうでしょうか，病院や社会インフラのエッセンシャルワーカーだったとしたらどうでしょうか．組織は単に事業者として対外的に遂行すべき業務に関する BCP だけを考慮するのではなく，その担い手である職員（場合によっては委託先事業者，下請事業者，取引先等の職員も含む）の被災状況と生活再建への道筋について，個人任せ，家

庭任せにしないで，ケアする必要があるのです．このため，被災後にあっては，会社組織としてその職員や関係者らに「災害ケースマネジメント」を行うことも念頭において，BCPの見直しをすることが求められます．いわばBLCP（business and living continuity plan）の視点も重要だということです．加えて，平時からの災害対策・防災訓練の一環として被災後の生活再建に関する支援制度について職員に知識をもってもらえるよう「被災したあなたを助けるお金とくらしの話」の防災教育（8.6節）を実践することが効果的だといえます．

　関東大震災(1923年9月1日)を受け，経済学者の福田徳三博士は，復興とは人々の住まいと労働する機会を確保していくことにあり，「人間の復興」こそが復興の本質であると説きました[3]．実際に当時の政府に被災者向けの住まいの建設を行わせたり，無償の職業あっせん支援事業をつくらせたりしたのです．この人間の復興の理念は，今ではさまざまな被災者支援法制度の構築によって，すなわち法改正や新規立法が積み重ねられて社会が徐々に法的強靱性（リーガル・レジリエンス）を獲得していくことによって体現されているのです．

◆ **8.6　知識の備えがソーシャル・ウェルビーイングを助ける**

　被災後の生活再建に役立つ法制度の知識を事前に備えるべく「被災したあなたを助けるお金とくらしの話」の防災教育を実践することは，私たちの健康維持にもつながります[4]．世界保健機関（WHO）憲章前文は，'Health is a state of complete physical, mental and social well-being and not merely the absence of disease or infirmity'（健康とは，肉体的，精神的および社会的に完全に良好な状態であり，単に疾病または病弱の存在しないことではない）と謳っています．健康とは肉体的健康，精神的健康，そして社会的健康（ソーシャル・ウェルビーイング）が揃っている必要があるのです．この社会的健康とは，経済的な困窮に陥らず安心・安全の住まいが確保され文化的な生活ができていることを指します．被災者が法制度などの社会的資源を適切に利用して，平時の生活を取り戻すプロセスは，健康を回復することにほかならないのです．

　また，このような社会と個人の課題を解決していくために，さまざまな専門職と連携したり，適切な手続きに誘導したりする作用はソーシャルワークそのものです．したがって，「被災したあなたを助けるお金とくらしの話」の防災教育は，医療，看護，保健，公衆衛生，福祉等の分野とも極めて密接な関係性を有してい

ます．近年，医学部教育，看護学部教育，福祉学部におけるソーシャルワーカー養成などにおいても「災害復興法学」の考えが取り入れられ始めています[6]．例えば，日本看護協会が定める「看護職の倫理綱領」（2021 年 3 月改訂）には，新たに「看護職は，様々な災害支援の担い手と協働し，災害によって影響を受けたすべての人々の生命，健康，生活をまもることに最善を尽くす」という標題の第 16 項が追加され，「災害は，人々の生命，健康，生活の損失につながり，個人や地域社会，国，さらには地球環境に深刻な影響を及ぼす．看護職は，人々の生命，健康，生活をまもる専門職として災害に対する意識を高め，専門的知識と技術に基づき保健・医療・福祉を提供する．看護職は，災害から人々の生命，健康，生活をまもるため，平常時から政策策定に関与し災害リスクの低減に努め，災害時は，災害の種類や規模，被災状況，初動から復旧・復興までの局面等に応じた支援を行う．また，災害時は，資源が乏しく，平常時とは異なる環境下で活動する．看護職は，自身の安全を確保するとともに刻々と変化する状況とニーズに応じた保健・医療・福祉を提供する．さらに，多種多様な災害支援の担い手とともに各々の機能と能力を最大限に発揮するよう努める」と具体的な内容も記述されました．被災者の生活再建の分野にも看護・保健・福祉が貢献すべきことを明示するに至ったのです．

◆ 8.7　被災したあなたを助けるお金とくらしの話の防災教育プログラム

a.　法制度知識を学ぶ新しい防災教育

　被災したあなたを助けるお金とくらしの話の防災教育は，「災害復興法学」をベースに生まれた防災教育プログラムです．自然災害の被災者にはどのようなリーガル・ニーズが発生するのかを把握した上で（8.1 節），被災者の生活再建に役立つお金や住まいに関する支援にはどのようなものがあるのか（8.2 節）を，災害が起きる前に防災教育として学ぶ点に特徴があります．防災教育といえば，津波発生時に率先避難ができる判断力・行動力を養うことや，大規模震災時に身を守る適切な行動や，生活必需物資を十分に備蓄しておくことなどが思い浮かびます．そして，災害の直接の脅威から助かった後は，組織の事業継続や地域全体の復興に向けて歩み出すための事業継続計画，災害対策マニュアル，地域の復興計画などを発動させていく段階へ移行すると考えるのが通常だと思われます．
　しかし，私たちは，災害直後から被災した個人や事業者らが生活再建に関わる

リーガル・ニーズを大量に抱えていることを見落としてはならないのです．生活再建のための知恵をもたないままでは，事業継続や復興計画に寄与する人々の登場を期待することは困難です．そこで，できる限り時系列を意識しながら，大規模災害で共通するリーガル・ニーズとそれに応える法制度を学ぶことが重要になります．以下は，『被災したあなたを助けるお金とくらしの話 増補版』の目次の章タイトルと内容を要約したものです[2]．少なくともここに記述された支援制度や仕組みのキーワードを災害が起きる前から知っておく「被災したあなたを助けるお金とくらしの話」の防災教育の実践が求められるのです．

①はじめの一歩（被災するとはどういうことか，罹災証明書制度等を学ぶ）

②貴重品がなくなった（通帳，権利証，保険証券，保険証等の紛失への対応を学ぶ）

③支払いができない（公共料金の支払い減免，自然災害債務整理ガイドライン等を学ぶ）

④お金の支援（被災者生活再建支援金，災害弔慰金，義援金等を学ぶ）

⑤トラブルの解決（消費者被害，災害 ADR，避難所環境整備等について学ぶ）

⑥生活を取り戻す（相続手続の特例，仮設住宅，住宅の応急修理制度，リバースモーゲージ等を学ぶ）

⑦被災地の声を見る（東日本大震災や熊本地震のリーガル・ニーズを概観する）

このような防災教育の実践は，大学等での専門分野の学習や専門有資格者のスキルアップ等の場面だけで行われるべきではありません．子どもから高齢者まで世代を問わない話題でもあり，一方で子育て世代・はたらき盛りの世代にとっては特に重要な知識になるはずです．広く社会教育や生涯学習教育として行われ，国民的教養になるべき知恵だと考えられます[5,6]．社会教育法によれば，社会教育とは「学校教育法又は就学前の子どもに関する教育，保育等の総合的な提供の推進に関する法律に基づき，学校の教育課程として行われる教育活動を除き，主として青少年及び成人に対して行われる組織的な教育活動（体育及びレクリエーションの活動を含む．）」をいいます．また，文部科学省によれば生涯学習とは「人々が生涯に行うあらゆる学習，すなわち，学校教育，家庭教育，社会教育，文化活動，スポーツ活動，レクリエーション活動，ボランティア活動，企業内教育，趣味など様々な場や機会において行う学習」であるとされています．以下に，学校教育，社会教育，生涯学習教育等の場面で「被災したあなたを助けるお金とくら

しの話」の防災教育と親和性の高い分野を紹介していきます.

b. 主権者教育

文部科学省によれば、「主権者として社会の中で自立し、他者と連携・協働しながら、社会を生き抜く力や地域の課題解決を社会の構成員の一員として主体的に担う力を育む教育」や「現代社会の諸課題を捉え、その解決に向けて、社会に参画する主体として自立することや他者と協働してよりよい社会を形成することについて、考察し、選択・判断する力を育む教育」をいいます. 災害後に法律が自らや関係者を助けるという知恵を身につけることで、自ら能動的に行動できる力を養うことが可能であり、また制度それ自体の不備や不足を実感し、改善を提案する知恵の源泉となる可能性もあります. 自らが主権者であることを自覚する一助として役立つものと期待できます.

c. 法教育

法務省によれば、「法律専門家ではない一般の人々が、法や司法制度、これらの基礎になっている価値を理解し、法的なものの考え方を身に付けるための教育」をいいます. 被災時の法律が支援の根拠となり、被災しても生活を再建していけるという希望の情報源となることを学ぶことは、法律の役割と存在意義を強く実感するきっかけになります. 規制や罰則といったイメージの強い法律の新たな側面、すなわち私たちを助ける支援や情報として法律が存在していることを学べると期待できます.

d. 金融教育

金融広報中央委員会によれば、「お金や金融の様々なはたらきを理解し、それを通じて自分の暮らしや社会について深く考え、自分の生き方や価値観を磨きながら、より豊かな生活やよりよい社会づくりに向けて、主体的に行動できる態度を養う教育」であり「生きる力を育む教育」をいいます. 生活やくらしを再建するお金にまつわる法律上の支援制度を学ぶことは、金融教育の目的と非常に親和性が高いものです.

e. パーソナルファイナンス教育

日本ファイナンシャルプランナーズ協会によれば、「個人の生き方が多様化するなか、一人ひとりの生き方にあったお金の知識や活用方法を身につけ、家計の適切な管理や合理的なライフプランを立てる」ための教育をいいます. 全国各地でいつ起きるかわからない災害に備え、お金や住まいに関する制度の知識を身に

つけることは，ライフプランを考える上でも不可欠になってきています．

f. 消費者教育

消費者教育の推進に関する法律によれば，消費者教育とは「消費者の自立を支援するために行われる消費生活に関する教育（消費者が主体的に消費者市民社会の形成に参画することの重要性について理解及び関心を深めるための教育を含む．）及びこれに準ずる啓発活動」のことをいいます．なお，消費者市民社会とは，「消費者が，個々の消費者の特性及び消費生活の多様性を相互に尊重しつつ，自らの消費生活に関する行動が現在及び将来の世代にわたって内外の社会経済情勢及び地球環境に影響を及ぼし得るものであることを自覚して，公正かつ持続可能な社会の形成に積極的に参画する社会」を指します．災害後も法律に従った手続きが存在している事実を知ることは，消費者被害に遭わず，また生活を再建する知恵を備えた賢い消費者の育成につながります．

◆ 8.8　災害復興法学のすすめ

a. 災害復興法学の誕生

防災から災害復興までのあらゆる段階で，法律の知識や法制度の効果的な運用の知恵が施策の命運を左右する可能性があります．広域化・激甚化する気象災害などを考えると，災害対策や防災教育を行政機関だけの仕事として見るのではなく，災害対策の役割分担や生活に関わる知恵を国民全体の知見とすることが必要です．そのためのプラットフォームとするべく興した新たな学術分野が「災害復興法学」です．災害復興法学とは，「災害時に弁護士が実施する無料法律相談事例を集約し被災者のリーガル・ニーズを分析することで，災害対策や復興支援に関する制度的・法的課題を類型化し，類型ごとの課題を克服する政策上の提言及び政策形成活動を経た法改正や新規立法等の軌跡を記録・検証し，同時に残された立法政策上の課題を浮き彫りにするとともに，その解決に資する政策形成活動や立法事実集約活動を伝承し，社会における法制度の改善と向上に直接還元することを目的とした新たな『法学』及び『公共政策』の学術領域と研究分野」です[7]．要するに，災害に関する法的な課題を克服してきた軌跡を記録し将来へ伝えながら，改善を目指して政策提言を行いつつ，現時点で役立つ法的知識を防災教育の展開によって普及させることを目指した活動です．特定の専門領域に閉じた学問ではなく，広く国民的知見とすることを最大の目的としていることが特徴です．

そこで，産学官のあらゆるセクターで学んでほしい災害復興法学をベースにした学習メニューの代表例を以下に示しておきます．

b. 被災したあなたを助けるお金とくらしの話の防災教育

本章で詳述した知見を学ぶ防災教育プログラムであり，年齢や専門性を問わない新しいカテゴリーの防災教育です．

c. 災害救助法の徹底活用と避難所 TKB ワークショップ

大規模災害時に適用される災害救助法という法律を正確かつ実践的に学ぶプログラムです．災害救助法は，大規模災害時の災害救助の実施主体（都道府県と救助実施市）が行うべき災害救助メニューとその予算根拠を定めた法律です．しかし，過去の災害で行政機関や支援機関が実施した運用の先行事例については，必ずしも知見がアーカイブされていなかったり，国が作成するマニュアルやガイドラインに反映されていなかったりする場合があります．そこで，過去の国の通知や事務連絡などから，現時点で災害救助法をどのように利活用できるのか，利用するためには平時から行政と民間支援者がどのような準備や備蓄をしておくべきかを学習していきます．ワークショップ形式で実践するのにも適しており，子どもから専門職まで，誰もが同じテーマで考えて知恵を寄せ合うことができるプログラムです．災害救助法を正確に理解し柔軟に解釈できるようになれば，避難所の環境の整備（中でも，トイレの衛生と環境整備，適温食・介護食・アレルギー・栄養・乳幼児等に配慮した食事の環境整備，段ボールベッド・簡易ベッドの導入などによる寝床環境の整備＝避難所 TKB）を適切に実践する知恵も身につけることができます．

d. 災害時における個人情報の取扱いと政策

2023 年施行の改正個人情報保護法により，これまで法律や条例でバラバラに規律していた個人情報に関する取扱いが，個人情報保護法に一元化されました．これを受け，内閣府「防災分野における個人情報の取扱いに関する指針」（2023年3月）が新たに作成・公表されるなど，災害時における個人情報の取扱いへの関心が高まっています．特に災害時にあっては，人命救助や健康維持を第一に個人情報を適切に共有したり，提供したりして利活用することが求められます．そのためのノウハウを学ぶプログラムの実践は，行政機関のみならず，災害時におけるあらゆる支援者にとって不可欠になります．例えば，災害による安否不明者の氏名公表の是非をめぐる正確な理解とそのために進めるべき都道府県や市町村

の施策，避難行動要支援者（高齢者，要介護者，障害者等災害時の避難支援において地域の関係者らの支援を必要とする者）の名簿の平時からの共有と，それを実現するための市町村独自の条例策定，避難所や仮設住宅等において民間支援団体を含む外部からの専門的な支援を必要とする被災者の情報の適切な共有のための準備等，災害と個人情報に関して学ぶべき要素は多岐にわたります[8]．

e.　安全配慮義務に学ぶ組織のリスクマネジメントとBCP策定

　安全配慮義務とは，ある法律関係に基づいて特別な社会的接触の関係にある当事者間において，当該法律関係の付随義務として当事者の一方または双方が相手方に対して信義則上負う，相手方の生命および健康を危険から保護するよう配慮すべき義務をいいます．企業等は当然に従業員や施設利用者等関係者の安全を守ることを法的に義務づけられているということです．自然災害に起因する脅威であってもこの安全配慮義務が一律で免除されるということはありません．自然災害に起因して万一関係者に被害（最悪のケースは死亡）があれば，その都度，企業や組織が安全配慮義務に違反していないか，損害賠償責任を負うかどうかが争われ，判断される可能性があるということです．災害復興法学研究では，過去に自然災害に起因して安全配慮義務（またはそれに類する概念）の有無が争点となった裁判例を多数分析して，そこから得られた教訓を事業継続計画（BCP），災害対策マニュアル，防災訓練などに反映するポイント[4,6]について学習プログラムを策定しています．

文　献

1)　岡本正：災害復興法学，慶應義塾大学出版会，2014.
2)　岡本正：被災したあなたを助けるお金とくらしの話 増補版，弘文堂，2021.
3)　福田徳三研究会編，清野幾久子編集：福田徳三著作集第 17 巻 復興経済の原理及若干問題，信山社，2016.
4)　岡本正：災害復興法学 II，慶應義塾大学出版会，2018.
5)　岡本正：図書館のための災害復興法学入門，樹村房，2019.
6)　岡本正：災害復興法学 III，慶應義塾大学出版会，2023.
7)　岡本正：災害復興法学の体系，勁草書房，2018.
8)　山崎栄一・岡本正・板倉陽一郎：個別避難計画作成とチェックの 8 Step，ぎょうせい，2023.

終章　経験がない災害に立ち向かうには？

> 自然災害や環境変化に強い地域づくりに向けて，ここまで自然科学および社会科学の各分野から考察を行ってきました．これまでに経験のない気象が立ち現れている中，地球温暖化がこのまま進行した場合，気象災害は頻発化・激甚化すると予想されています．列島各地から報じられる災禍を前に，それ以上の，経験のない出来事がやってくることに恐れおののいてばかりはいられません．本章では，本書で学際的に論じられた知見に基づいて，防災力を高める構えや地域力向上の取り組み方について振り返ります．

◆ 1　感覚を開く

気象災害をはじめとした自然災害の発生や強度を完全に予測することは，現状では不可能であることが示されてきました（第1章）．そういったとき，人間は「万が一は起きないだろう」という確率的思考や，指示待ちの受動的思考に陥りがちです（第6章）．楽観的な思い込みは捨て，「過去起きた災害は自分たちが生きているうちに発生する」，そういった意識が必要です．そのために，日頃から気象や周囲の自然環境に意識を向けてみてください．ただ，人間はずっと意識を張り詰めることができません．健康増進を兼ねてのウォーキング，友人とのまち歩き，アウトドアといったアクティビティなど，楽しみながら「遊んで備える」の構え（第7章）で行うのがよいでしょう．その際は「地域の魅力を見つけること」と「自然災害が起きたときに被害をもたらすモノ，被害が発生する場所はどこか」ということを頭の片隅に置いてください．あなたのアンテナに引っかかるモノや場所があれば，スマートフォンで撮影したり，メモをとって後で見返せるようにしておきましょう．一連の行動はセンス・オブ・プレイスの探索につながります（第4章）．経験のない自然災害に備える第一歩は，地域や自然環境に対して感覚や意識を開くことにあります．

◆2 防災と地域づくりの ESG

感覚を開いたら，防災や地域づくりの行動へと移ります．その取っかかりを ESG で捉えてみます．ESG は環境（environment），社会（social），ガバナンス（governance）のイニシャルからとった言葉です．もともとは企業がその持続的成長のために向き合うべき課題として社会に広まりました．この視点は防災や減災，ひいては地域づくりの枠組みとしても援用できます．E は環境を知ること，S は社会的ネットワークを育むこと，G は合意形成に関わること，として捉えてみましょう．

a. 環境を知る

気象災害の代表格は豪雨です．それをもたらす線状降水帯の予測精度はまだまだ低く厄介な存在ですが，そのメカニズムを知ることと，防災気象情報を毎日確認することは習慣化しておきたいものです（第 1 章）．温帯多雨地域に位置する日本の国土は水害が起きやすい構造をしているため，身近な河川の構造や洪水ハザードマップを把握しておく必要があるでしょう（第 2 章）．これらの情報や知識を踏まえ，自らの判断で避難行動をとることが求められます．さらに，地域には「地域空間の物語性」として過去の災害の履歴が残されています．地域の景観構造の中で人々が語り継いできた言説の中にハザード情報のエッセンスを見出し，それらを防災・減災に資する形として再構築することで，適切に災害リスクを認識することにつながります（第 5 章）．

b. 社会的ネットワークを育む

人は他者とつながることで新たな知識や気力を得ることができます．神社で防災マップ（第 5 章），ふるさと見分け（第 6 章），防災オンラインキャンプ（第 7 章）など，さまざまな年齢や立場，専門の人々の交流イベントから，私たちは多面的な効用を見てきました．共助が謳われる中で，被災した場合も社会的ネットワークがあなたやあなたの大事な存在を支えてくれることでしょう．

社会的ネットワークは地域空間の魅力を高めるブランディングにも活かされます．人間同士の関わりによって，人間一人ひとりがもつ場所の感覚（センス・オブ・プレイス）が共有され，多様な人々や組織が地域に関わることにつながるのです（第 4 章）．

c. 合意形成に関わる

ガバナンスは，より良い社会づくりのための合意形成のシステムを指します．住みよい場所，災害に強い地域をつくるには，他者との関わりが欠かせません．河川管理も行政の力だけではまかないきれなくなりました．むしろ，自然と共生した心地よい河川空間を実現する「多自然川づくり」に市民が積極的に関わることができる時代です（第3章）．さらに近年，水害対策に向けて洪水を河道と流域とで賢く分担する流域治水の施策が推進しています．その考え方や対象地域を踏まえ，協働することで水害を克服する体制を整えましょう（第2章）．

一方で，多様な考えをもつ人間が集まると思いが錯綜し，合意形成に困難が伴います．そこでは，ポジティブなマインドセットを維持する工夫が欠かせません．防災という特定の目的だけにフォーカスするのでなく，さまざまな領域を掛け合わせながら，自分たちがおもしろいと思うことを追求していくことが肝要です（第6章）．

◆3　被災後のウェルビーイング

気象災害の頻発化・激甚化によって誰もが被災しうる状況になりました．災害時において，人々が冷静な判断を保ちストレスや苦難を乗り越えるためには，許容力が求められます．それは他者，特に災害弱者や帰属集団の外にいるマージナルな人々に配慮することです．これが結果的に幸福な心境を生み，健康への手助けとなります．そのためには日頃から情報共有の仕組みを整えておくこと，災害対応の計画を立て，訓練しておくこと，社会的ネットワークをつくり，コミュニケーションを重ねておくことが必要です（第7章）．健康とは肉体的健康にとどまらず，精神的健康，そして社会的健康にまで至ることを心にとめておいてください．

被災後の生活再建に向けて，法律がその一歩を踏み出す助けとなります．被災地にはさまざまな支援情報がもたらされますが，それを十分に認知することは困難です．過去の災害に基づいて制定された「被災したあなたを助けるお金とくらしの話」の防災教育の内容をあらかじめ把握しておくことは，不安の解消につながるでしょう．一方で，支援制度は被災者が行政機関等へ申請行動を起こさない限りは享受できません．災害ケースマネジメントのように，それを補う支援の手法も生まれています．各種専門家が被災者の見守りや相談といったアウトリーチ

支援をし，情報を複線的に届けることが肝要です（第8章）．

　非常時にあっても，健全な社会が運営され，人々の復興が速やかに成し遂げられることこそ，真の地域力の現れといえるでしょう．そのためにもまず自分たちが生きているうちに経験のない自然災害に直面する可能性があることを認識し，それぞれが備えに取り組まねばなりません．

あとがき

　肌を焦がすような陽射し，むせかえるような湿気．2023 年の夏，私たちは酷い暑さに見舞われました．米どころ新潟では各地で渇水が進み，農作物の生育に悪影響が出ました．他方で線状降水帯による顕著な大雨は，社会的・経済的に甚大な被害を日本各所にもたらしています．このような極端な気象が続く中では，日本で伝統的に慈しまれてきた四季折々の生活文化を，この先味わうことが難しくなるようにも思えてきます．

　世界では，自然との共生，循環型社会の構築に強い意識が向けられています．人間が人間らしく他者に思いをはせながら，自然の中の一員としてくらしていくにはどうしたらいいか．現代人にとり，他者や自然との関係を考え直す時期に差し掛かっています．

　そして 2024 年．私たちは衝撃的な年始を迎えました．新年を寿ぐその日に，あのような災禍がやってくるとは誰もが思っていなかったことでしょう．いまだ苦しみの渦中にある方々に平穏な日々が戻ることを願ってやみません．

　東日本大震災の折，戦災や幾度の自然災害に遭われてきたある研究者は，越後の名僧・良寛の「災難に逢う時節には災難に逢うがよく候」の一説を引き，慌てふためく私たちに語りかけました．そのときは，その発言を訝しく思いました．しかし，大災害を予測し，それを避けることは現代の人間には難しいことです．先ほどの良寛の一説は，自身も被災した三条大地震（1828 年）の際，友人を励ますために書かれました．人として生まれたからには，生老病死は逃れられない．災難の中に深く沈み込むのでなく，今を受け止めて生きていくしかない．この言葉を噛みしめるにつれ，災害と向き合ってきた先人たちの叡智から深く学ぶことの意義に，あらためて思いをめぐらせました．私たちは先達の肩に乗りながら，次なる世代への橋渡しのために，これからもそれぞれの役割を果たしていかねばなりません．

　この本が生み出されるにあたり，多くの方からお力添えをいただきました．
　私たちの思いを汲んでいただき，朝倉書店には本書の出版の機会をいただきました．朝倉書店のみなさんは，その卓越した冷静さで編集，校正とスケジュール

管理にあたってくださいました．執筆者の人数も多く，それぞれ異なる研究分野の慣習に浸っています．統一感をもった読みやすい書籍にするのはかなり骨の折れる仕事だったと思います．冷静さだけでなく，本書の意義をご理解下さり，情熱をもって本の制作にあたってくださったことに心から感謝をいたします．

　新潟大学主任リサーチ・アドミニストレーター（URA）の長谷川佐知子さんは，私たちのプロジェクトの立ち上げから現在に至るまで力強く支え続けてくれています．長谷川さんは多様な研究者の特性や分野の多様性を理解しながら，研究活動やその成果の活用を促進するためのアドバイスを提供くださる，私たちのよき理解者であり伴走者です．時折いただく厳しいお言葉も期待の現れとありがたく思っています．

　合同会社 fagica（ファジカ）のチーフデザイナーである山下良子さんには，本書の装幀を制作いただきました．本書の意義を汲み取りながら，その内容が広く世の中に伝わるために，やわらかくキャッチーな表現を心がけてくださいました．

　さらに各執筆者は研究，教育，社会連携の現場でさまざまな関係者に支えられ，今があります．本書が少しでも世の中の役に立つことで，関係者のご恩に報いることができればと願っています．

　本書の内容は JSPS 科研費 21K18788 の助成による成果の一部です．

　2024 年 4 月

長 尾 雅 信

索　引

自然災害と地域づくり
　—知る・備える・乗り越える—　　　　　　　　定価はカバーに表示

2024 年 5 月 1 日　初版第 1 刷

著　者	本	田	明	治
	長	尾	雅	信
	安	田	浩	保
	坂	本	貴	啓
	髙	田	知	紀
	豊	田	光	世
	村	山	敏	夫
	岡	本		正
発行者	朝	倉	誠	造

発行所　株式会社　朝 倉 書 店
　　　　東京都新宿区新小川町 6-29
　　　　郵 便 番 号　162-8707
　　　　電　話　03（3260）0141
　　　　Ｆ Ａ Ｘ　03（3260）0180
　　　　https://www.asakura.co.jp

〈検印省略〉

ⓒ 2024〈無断複写・転載を禁ず〉　　　　シナノ印刷・渡辺製本

ISBN 978-4-254-16137-3　C 3044　　　　Printed in Japan

災害廃棄物管理ガイドブック —平時からみんなで学び，備える—

廃棄物資源循環学会 (編)

B5 判／160 頁　978-4-254-18059-6 C3036　定価 3,520 円（本体 3,200 円＋税）

自然災害が多発する日本では，平時から災害廃棄物への理解および対策が必須である。改訂版災害廃棄物対策指針と東日本大震災以降の事例を踏まえ，災害廃棄物について一般市民も知りたいこと／知ってほしいことをまとめた。

教師のための防災学習帳

小田 隆史 (編著)

B5 判／112 頁　978-4-254-50033-2 C3037　定価 2,750 円（本体 2,500 円＋税）

教育学部生・現職教員のための防災教育書。〔内容〕学校防災の基礎と意義／避難訓練／ハザードの種別と地形理解，災害リスク／情報を活かす／災害と人間のこころ／地球規模課題としての災害と国際的戦略／家庭・地域／防災授業／語り継ぎ

観光危機管理ハンドブック —観光客と観光ビジネスを災害から守る—

髙松 正人 (著)

B5 判／180 頁　978-4-254-50029-5 C3030　定価 3,740 円（本体 3,400 円＋税）

災害・事故等による観光危機に対する事前の備えと対応・復興等を豊富な実例とともに詳説する。〔内容〕観光危機管理とは／減災／備え／対応／復興／沖縄での観光危機管理／気仙沼市観光復興戦略づくり／世界レベルでの観光危機管理

災害食の事典

一般社団法人 日本災害食学会 (監修)

A5 判／312 頁　978-4-254-61066-6 C3577　定価 7,150 円（本体 6,500 円＋税）

災害に備えた食品の備蓄や利用，栄養等に関する知見を幅広い観点から解説。供給・支援体制の整備，事例に基づく効果的な品目選定，高齢者など要配慮者への対応など，国・自治体・個人の各主体が平時に確認しておきたいテーマを網羅。

災害復興学事典

日本災害復興学会 (編)

A5 判／308 頁　978-4-254-50036-3 C3530　定価 6,930 円（本体 6,300 円＋税）

これまでに研究者・実践者が積み上げてきた災害復興に関する理論と復興支援の実践を平易に解説する中項目事典。多彩な執筆陣により，幅広い学問領域からのアプローチでハード・ソフト両面からの復興を取り上げる。1章から5章まではテーマ別に各章15項目程度のトピックと関連コラムを掲載し，事例編では国内外における災害と復興の取り組みを紹介する。〔内容〕復興とは何か／被災者支援／地域社会・経済再生／復興まちづくり／事例編